講談社選書メチエ

705

ヒト、犬に会う

言葉と論理の始原へ

島 泰三

MÉTIER

はじめに

かりに、真理を犬であるとしてみよう。

犬がいたからこそ大型類人猿の一種「ヒト」は「人間」らしくなり、犬がいたからこそ「ヒト」は「未開」を脱し、ついに現在の「文明」にまで至ったのだ、と。

それは、牧羊犬がいたので家畜が飼えたとか、猟犬との協同作業によって狩猟が効率的になったとか、トラやライオンなどの捕食獣や敵対する人間グループからの攻撃から身を守る重要な役割を果たしたのが犬だったというような、人間と犬との利害関係や友好関係から説明をしようとしていうのではない。

これらの犬の有用性は、人間との関係からいえばうわっつらの問題にすぎない。犬がもっている本質的な問題は、利害関係という域を超えている。それはもはや切り離せない共生関係、つまり運命共同体である。

ミトコンドリアはもともと別の生物だったが、細胞の中に入ってきて特別な役割を果たすようになり、今ではそれなしには細胞は生命を維持できない。ちょうどそれと同じような関係が犬と人間にはできている。その関係は、狩猟や防衛や介護などはもちろん、それ以上の問題、人間の心の問題のすべてに及んでいる。

それを思い切って言ってしまえば、犬は人間的な心の特性の誕生のすべてに関係しているということである。

もっとも、この考え方そのものは、私独自のものというほどのことはない。それは一部の犬研究者の間では、すでに「新しいパラダイム」となっている。

このパラダイムは、考古学者ポール・テーソン（注1）が二〇〇二年に発表した論文「犬がわれらを人間にする」で最初に明言したもので、彼はオーストラリア・アボリジニの神話から『仲間』概念そのものが犬と人間の関係から生まれた」と説明している。二〇〇九年（原著刊行時）には、ジャーナリストのジョン・フランクリン（注2）は「現代の人間は、最初の犬と同時に誕生したというアイデアほど驚くべきものがあるだろうか」（フランクリン、2013、151頁）と、このパラダイムに注目し、なかでもイヌが家畜化されて脳容量を二〇％減らし、同時にヒトも脳容量を一〇％減らしたことの意味を問いつめた。その結果「犬に作用した力が同時に人間に作用しないわけはない。もっと現実に即していえば、それぞれが相手を変えたのだ」（同書、304頁）として、人とイヌとの家畜化の双方向性、さらに人と犬の関係を「共生関係」そのものであると論じている。

作家ジェフリー・M・マッソン（注3）は、二〇一〇年（原著刊行時）の著作の第三章に、日本語訳の本の題名とほぼ同じ「イヌのおかげでヒトは人間になった」という題名をつけて、パラダイム変換をあきらかにした。彼は人類進化をあつかう人びとは、前提のようにいつもホモ・サピエンスという人類種は自前で「現在の高み」に登りつめたのだと考えているが、この「唯我独尊」こそ「旧来のパラダイム」であり、「私たちだけでここまで来たのではない、犬がいたからだ」と考えるのが新しいパラダイムだとまとめている。

犬の眷属(けんぞく)を神々と同列においた民族の中でも日本列島住民はことさらで、犬を人間とほとんど同列の存在として扱っている。なぜ、そうなったのか？

人間の心の特性の誕生に犬が関係しているならば、言葉の起源にも犬がかかわっただろう。人間を他の獣たちと区別する基準が言葉だとするなら、犬こそは人間の言葉の誕生の秘密を指し示している。

「言葉は神とともにあった」という中近東・ヨーロッパに起源をもつキリスト教文明の前提が正しいとすれば、犬こそは神なのだ。

つまり、「真理は犬」なのである。その意味を解いてみたい。

目次

第二章　イヌ、ヒトに会う――73

第三章　犬の力――121

序章

イノシシ猟の衝撃

——二〇一一年二月二三日

人は犬にどれほど命がけのことまでやらせることができるか、ということについて、まず自分自身の体験を紹介しておきたい。それは、武術家のようなイノシシ犬とそれを創った人が、実際にやってみせたイノシシ猟のあり得ないような体験だった。

豊後と日向の国境に、その人の終の棲家があった。

山の中をひたすら曲がりくねって通る県道から峠を越すところで林道に入り、広い水田のある盆地に出る。冬空は晴れて、集落から遠く離れたその盆地を見晴らす南斜面に石井勲さんの一軒家があった。

もともとの農家は、倉庫と犬小屋に改造し、それと向き合って木の香りも新しい丸木作りの家がたてられていた。その高い床の下に積んである丸太は、暖炉用に蓄えられたものだった。

この人里離れた世界で、石井さんはイノシシ猟用の犬を創ることに専念してきた。犬たちをイノシシを嚙み止める一種の武道家に仕立て上げ、石井さんただ一人でイノシシ狩りをすることが、彼の生涯の目的だった。

イノシシは日本の森の主である。オスが一〇〇kgを超すことは珍しくない（最大一九〇kg）。つまり、人間よりも大きい。しかも、その下あごの牙は、人の皮膚はもちろん、木の根や犬の毛皮もやすやすと切り裂く。イノシシはこれほどの大物なので、ふつうの猟では十数人の猟師が協力し、多数の犬を勢子にしてイノシシを追い出し、待ち受けて撃ちとめる。だが、石井勲は一人でやる。

石井さんと知りあったのは、一九八〇年のことで、当時私たちは文化庁から委託されて天然記念物のサルの保護と管理のための長期事業をおこなっていた。サルによる農作物被害を防ぐ一策として猟犬の利用を考え、紀州犬のブリーダーとして名高かった石井さんに協力を求めることになった。被害防止のピークは夏になるが、猟期に役立つ犬を訓練するには夏の間にしっかり駆け回らせる必要があるということで、石井さんは快諾してくれた。次男の石井力さんと飼っている犬たち全部を連れて、房総丘陵の山奥の調査基地に来て、寝食を共にした。

彼の野生動物の追跡能力は、当時日本の野生ニホンザル追跡の第一人者（？）を誇っていた私のはるかに及ばないものだった。尾根道に残された足跡ひとつで、サルの群れのボスを見分け、しかもその座っている場所まで連れていってくれた。それは、ほとんど神業だった。

石井さんの念願は、私たちの出会いの最初から、一人でイノシシを獲ることであり、それができる犬を創ること、だった。

その石井さんから電話があった。

「今なら、イノシシを獲るところを見せることができる。こちらの体力もそろそろ先が見えてきたから、今のうちに私の犬たちの性能を見届けてほしい」

その時、石井さんは七五歳。私は彼の四〇代から知っているが、その動物追跡能力は神に近かった。その神からの勧誘だった。

しかし、イノシシ猟は命がけの闘いである。よほど決意しなければ、行けるものではない。当時六五歳の私も「最後の機会だ」と考え「危険は人生につきものである」と腹をくって、イノシシ狩りへの同行を決心した。

二〇一一年二月二三日、私たちは大分県の北部、耶馬渓の山中にいた。厳しい寒さだったが、空は抜けるように青く、風もない絶好の猟日和だった。

背景に奇岩、岩壁、岩山をかかえた広葉樹の森は、イノシシの格好の生息地である。石井さんは車を走らせながら、見え隠れする山肌をイノシシの視点から探り、目星をつけておいた林道に入るとイノシシの通り道を探った。

「ここだ」

車を止め、犬たちを放すため準備をする。今回出動するのは七頭。うち二頭は一歳少々の見習い犬である。主導する一頭にはＧＰＳ発信器の装備をつける。全頭に二ｍ波の電波の発信器を装着する。準備には手間がかかる。しかし、この段階では、決して猟師に語りかけてはいけない。最高の状態をつくり出すために集中している時である。

犬の準備をおえてから、銃を取り出す。二〇〇五年度東京大物狩猟クラブ射撃大会の優勝者でもある石井さんは、四〇〇ｍの距離で獲物を仕とめる。彼が持っているのはボルトアクションの単発ライフルで、決して連発銃は使わない。銃弾は昨夜自分で作っていた。石井さんは短刀でイノシシのトドメを刺してきた。銃でも数十㎝の至近距離で撃つ。だから、イノシシを突きぬけた弾丸が犬を傷つけないよう火薬量を調節している。

午前一〇時三〇分、犬を放す。一斉に走りだした犬たちは、あちこちにしゃがんで排尿と脱糞をして体を軽くし、車に押しこめられた長い時間の緊張を解きほぐす。それから犬の群れの主でもある親父のまわりを勢いよく走る。犬たちは準備運動に入ったが、何かを追いかけるというよりも、まだ慣らしの時間だ。

石井さんは沢を指定する。「この沢を登る」

そこに道はない。かつて、炭焼きか山仕事のために沢沿いにつけられた踏み跡が灌木に覆われた斜面があるだけだ。アオキやウツギなどの枝を切って進む。あたりに犬たちは散る。まだ後ろからついてくるのもいるが、本格的な捜索が始まっている。

銃を背負って、片手で灌木を切り払って、道を作って進む石井さんから少し離れて歩く。GPSの表示を見ると、犬は離れていない。

「まだ、近いところにいるな。この沢を登って、こっちの尾根に入ろう」

犬の表示が途切れた。GPSがワーニングを赤で表示している。犬の軌跡が「?」の表示で止まっている。たぶん、沢の切れ込みか、地形のきついところへ犬が入ってしまったのだろう。待っていると、表示が出てきた。犬たちの場所が遠い。

「この主尾根を南に越えると、イノシシを獲ってもたいへんだ。犬たちはこちら側の斜面で働かせなくてはならない」

石井さんは犬笛（注1）を吹き、犬たちを呼び集める。犬たちは指示どおり集まって来た。それを見届けて、尾根へまっすぐに登る。道はむろん、ない。木をつかんで登る。犬たちはしばらくまわりを走り回っていたが、すぐに遠くなった。尾根がもうすぐという地点で、イノシシのトヤ（寝場所）を見つけた。

「これは夏場のトヤだ。イノシシはこういうところ、尾根から少し下った、どちらにも見通しが利く、風のとおる場所で寝る。しかし、これは夏で、冬場はもっと下で、陽だまりの斜面で寝ている」

尾根に出ると、犬たちも尾根を歩いている。昔の尾根道があったのだろう。まったくのヤブの中ではないので、やや歩きやすい。

「シカを追ったな。ここでシカが跳んでいる」

石井さんは足跡で、状況を的確に判断できる。それを追った犬がいることは確かだが、方向は分からない。シカは速い。

「遠いなあ。こういう時は追っている可能性が強い。うん？　声が聞こえないか？」

犬が急に遠くへ離れた時には、獲物を見つけた可能性が強いのだという。しかし、それがイノシシか、シカか、それはこの時点では分からない。シカだと遠くへ走ってしまう、と心配する。

GPSをつけた犬がやってくる。足を痛めた犬もそばを離れない。彼らは追跡中の群れから離れたのだろうか？　石井さんは、犬の行動を私に説明する。

「下を見ているでしょう。あれが、私が言った『和犬は点で追う』ということです。洋犬は、獲物の臭跡を追跡するので、鼻を地面につけてフンフンいって臭いの痕を線で追うけれど、彼らはそうではない。見ているでしょう。臭いだけでなく、和犬は耳と目も使ってイノシシを点で追う。点で追うことで、イノシシをパニックにおとすことができる」

この犬たちは奇襲するのだ！

しばらく下を見ていたGPS犬も足を痛めたほうも、一気に走りだし、あっという間に姿が消えた。石井さんが走りだす。

「下だ。声が聞こえるでしょう」

そう言われても分からない。

「枝を切っておくから、それを見て来て」と言い置いて、石井さんは急斜面を走り下る。こちらは、必死で追いかける。犬は見えない。止まる。

「聞こえるでしょう」

確かに。遠い犬の声だ。さらに斜面を走り下りる。

「犬が止めているから、あせって走る必要はない。ここで、事故を起こしたら、元も子もない」

実に適切な注意だった。少し高いところに出て、また音を聞く。

「こっちか？　どっちだと思います？」

今や、犬の声ははっきりと聞こえる。しかし、沢の本流のほうからする。もっとも谷の反響ということがある。練達のサル追跡人の私にも、声の方向を聞き分ける出番があった。

「大丈夫だ。イノシシが悲鳴をあげている。もう逃すことはない」

写真1　石井勲さんと倒したイノシシ（左下）とシシ犬たち

二人して谷を転がるように下りる。その時、谷に反響する恐ろしい声が轟いた。「ブギャー」とも「ガオー」とも言い表しようのない、まぎれることのないイノシシの咆哮だった。すさまじい声で、そこに行くと思うと一瞬足がひるむ。

「ここだ！　ここを引きずって下りた」

林道へおちこむ崖に真新しい土の削りあとがある。イノシシと犬の群れはもつれ合いながら、本流の谷に沿った林道を越えたのだろう。崖に滑り跡を残して、本流の中で格闘が続いていた。今では、もう格闘する音さえ逐一聞こえるほどの近さで、犬とイノシシの声が響く。林道を走って、その声にいちばん近い林を谷へ滑り下りる。

「犬が嫌がるから、私にぴったりついてきて」

もっとも、神経を使う場面だ。当然、言われたとおりにする。

谷の岩の間、淵に水のあるところで犬たちが集まってはねている。その中央に岩を背にして黒いものがいた。イノシシだ！

「危ないから、その岩の上から撮影して」

犬たちは執拗にイノシシにかわるがわる嚙みついている。イノシシに反撃の力はもうない。ときどきあげる悲鳴も、すでに弱くなっている。

石井さんは少し様子を見ていたが、「下りてきていい」と言う。イノシシは犬に前脚を噛み砕かれ、突進する力は残っていなかった。私はカメラをかかえて下りる。

「撮った?」。私がうなずくと、石井さんはイノシシの頭に銃口をつきつけ、無造作に引き金をひいた。轟音が谷を揺すり、犬の群れは四方に跳ねて逃げ、頭を横に振ってイノシシは倒れた。七〇kgのメスだった。

「猟を始めて一時間が目安だ。それ以上たつと、やり直すことになる」

その言葉どおり、イノシシを仕とめたのは、午前一一時半だった。

第一章

犬への進化

1　イヌ科動物について

他の動物に先駆けての家畜化

イヌは一万五〇〇〇年前頃に、他の家畜にほとんど五〇〇〇年間も先駆けて家畜化された。「それはいったい、なぜなのか?」という疑問は、誰もが持つだろう。

一九世紀には、これほど品種の多い犬がどのような祖先を持つのかは、大きな謎のままだった。『種の起源』によって有名なチャールズ・ダーウィンは、「犬がオオカミやジャッカルを起源とするものか、はたまた絶滅したなんらかの動物から生まれたものかは、結局、明らかにすることはできないだろう」(Darwin, 1868) と断言したほどだった。

一九六〇年代には、オーストリア人動物行動学者コンラート・ローレンツ(一九七三年ノーベル賞受賞者)は「ジャッカル仮説」を提唱した。それは追随してきたジャッカルに餌をやったために、ジャッカルが家畜化して犬になったというものだった(ローレンツ、1968)。しかし、彼の後の多くの研究結果は、オオカミがイヌの起源であることを示しており、ローレンツ自身も一九七〇年代には、自身の「ジャッカル仮説」を撤回している(注1)。

一九八〇年代から一九九〇年代にかけて、ジュリエット・クラットン=ブロック(イギリス人。家畜研究の専門家で民俗学者)は、イヌの家畜化についての世界的権威だった。彼女は「猟の協力者として、また同伴者として、寝床を温めるものとして、そして時には食料として」（Clutton-Brock, 1995, 15p）イヌが狩猟採集民に扱われていることを示し、ここにイヌの家畜化の原因を求めていた。彼女の家畜化仮説は「歩く食料貯蔵庫」仮説として知られている（フランクリン、2013、264頁）。彼女の犬の役割を同伴者から寝床を温める者と食料にまでつなげると、たしかに「歩く食料貯蔵庫」である。彼女の仮説は中国や韓国、オセアニアの島々での犬を食用にする文化の広がりによって説得力をもつものだった。むろん、日本人は縄文時代からイヌを大切に扱ってきた文化伝統があるので、この仮説には違和感をもつのは当然である。

狩猟の協力者仮説は、古くから提唱されてきた考え方で、「イヌの家畜化は、狩猟の場で人とイヌとが同盟を結んだことに始まる」（マクローリン、2016、17頁）と断言するものもいる。

イヌの家畜化をどのように描くとしても、他の家畜に先駆けて、それも五〇〇〇年も早くにイヌだけが家畜化されたということは、そこに特別な事情があったのではないか、と疑うのは当然である（フランクリン、2013、266頁）。それは謎の中の謎とも言うべき問題だった。

イヌと人間の関係は、人間の側が「家畜にしてやれ」と思ったらできた、というものではないのではないか？　そこには、イヌと人間でなければならなかった理由があるのではないか？

問題をこういう形で焦点にして、そこに集中させ、その核心に迫るために、例によって迂回してみよう。問題がどちらにころんでも、あれこれの仮説をこえて、まちがいなく「真実」はこの中にあるという「事実の外枠」を確定するためである。

では、イヌとはどういう動物なのか？　まず、そこから始めよう。

彼らはどこから来たのか、なぜ人間と出会い、人—犬関係を築きあげたのか？　そして、その一万五〇〇〇年のあとに、彼らはいったいどこへ行こうとしているのか？　そこには、もっと掘り下げなくてはならない問題が、山のように積み残されている。

本書では、オオカミの亜種を「イヌ」、家畜化されたイヌを「犬」と分けて表記する。同様に「ヒト」はホモ・サピエンスという人類種を示し、「人」あるいは「人間」は犬の家畜化以降のヒト種を示すことにする。

肉食哺乳動物の起源と分岐

北極を中心にして世界地図を描くと、メルカトール図法の北極にむけて無限大にひろがる世界地図にならされた目には、地球世界はまったく別の様相を呈することになる。だからこの世界地図（図1）に違和感をかんじるかもしれない。しかし、世界の大陸のほとんどは北半球にあるので、北極から世界地図を見晴らす時にはじめて、世界の実距離を体得できる。この図をもとに人類とイヌ類の歴史を描くことができれば、より事実に近づくことができるのではないだろうか。

この世界地図はもともと人種の分布地図としてつくられたものだが、もとの人種境界の複雑な線を除いて植物生産量を四段階に分けて、地球上の環境（気候、植生、地形の総合環境）をしめしている。この図に哺乳類の分類を対応させると、またまったく新しい世界が見えてくる。

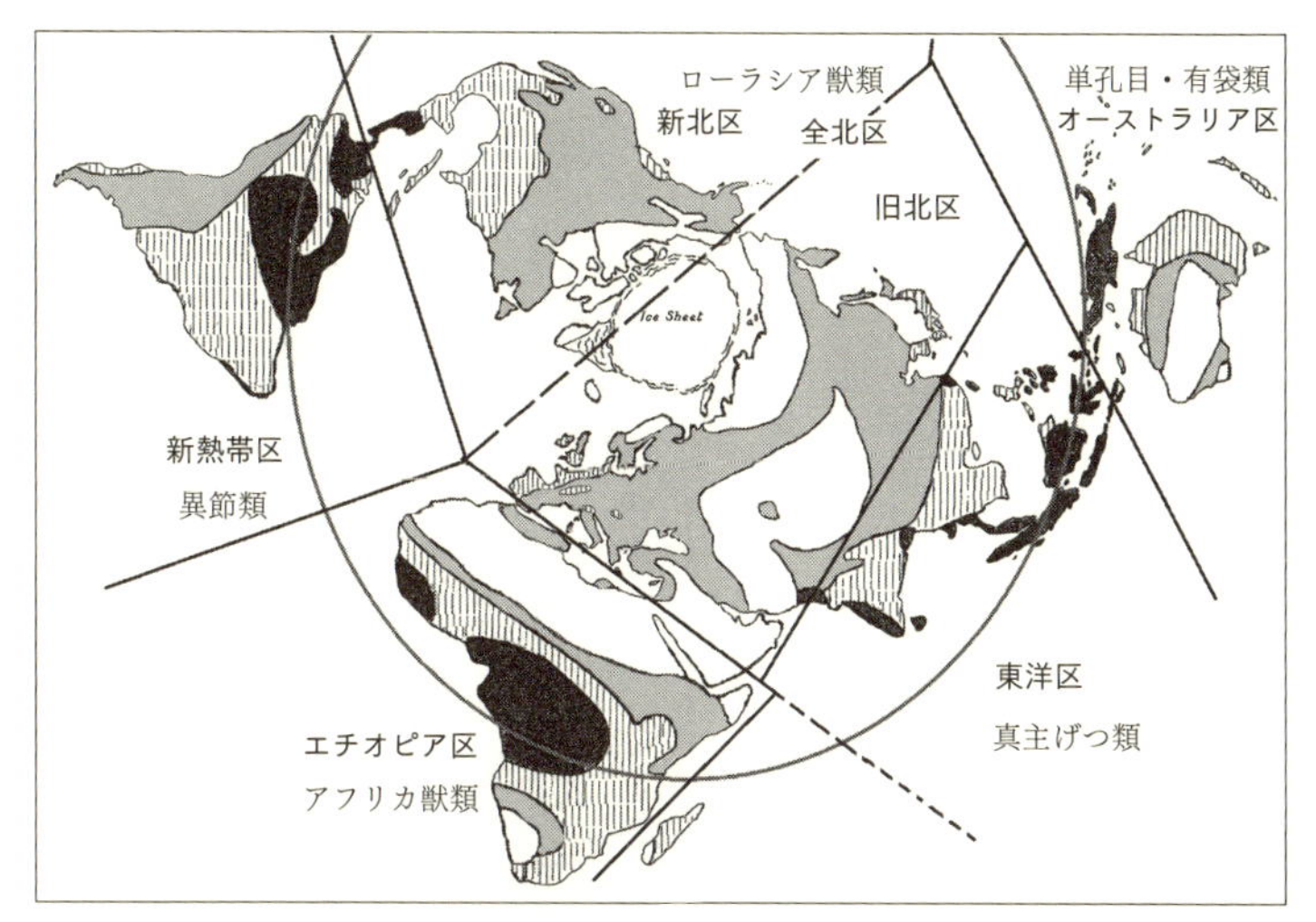

図1　動物地理の6大区系と哺乳類の5分類

元図：Taylor, 1927より原図の人種分布線を削除し、赤道と沖縄を加えている。動物の6大区系：Wallace, 1876、植物生産量の区分：Cox and Moore, 1993。塗り分けは1平方メートルあたり年間炭素生産量。赤道地帯の黒塗り部：800g以上、縦線部：400〜800g、灰色部：100〜400g、白抜き部：100g以下。

一九世紀の生物地理学者アルフレッド・R・ウォーレスは世界の動物区系を分けるさいに、ユーラシア大陸の北部を旧北区として、その南部のインド亜大陸と東南アジアを東洋区として別に区分けしたほかは、各大陸をそれぞれ別の動物区として合計六つの区系に分けている。しかし、旧北区と北アメリカ大陸の新北区とは区分するほどの大きな違いはないとして、これをまとめて全北区と呼ぶ。

ウォーレスの動物地理学は、それぞれの動物種の歴史を背景においているので、単なる区分けをこえ、世界の生物界の成り立ちをこれほど単純に区分してみせた点で実にすぐれ

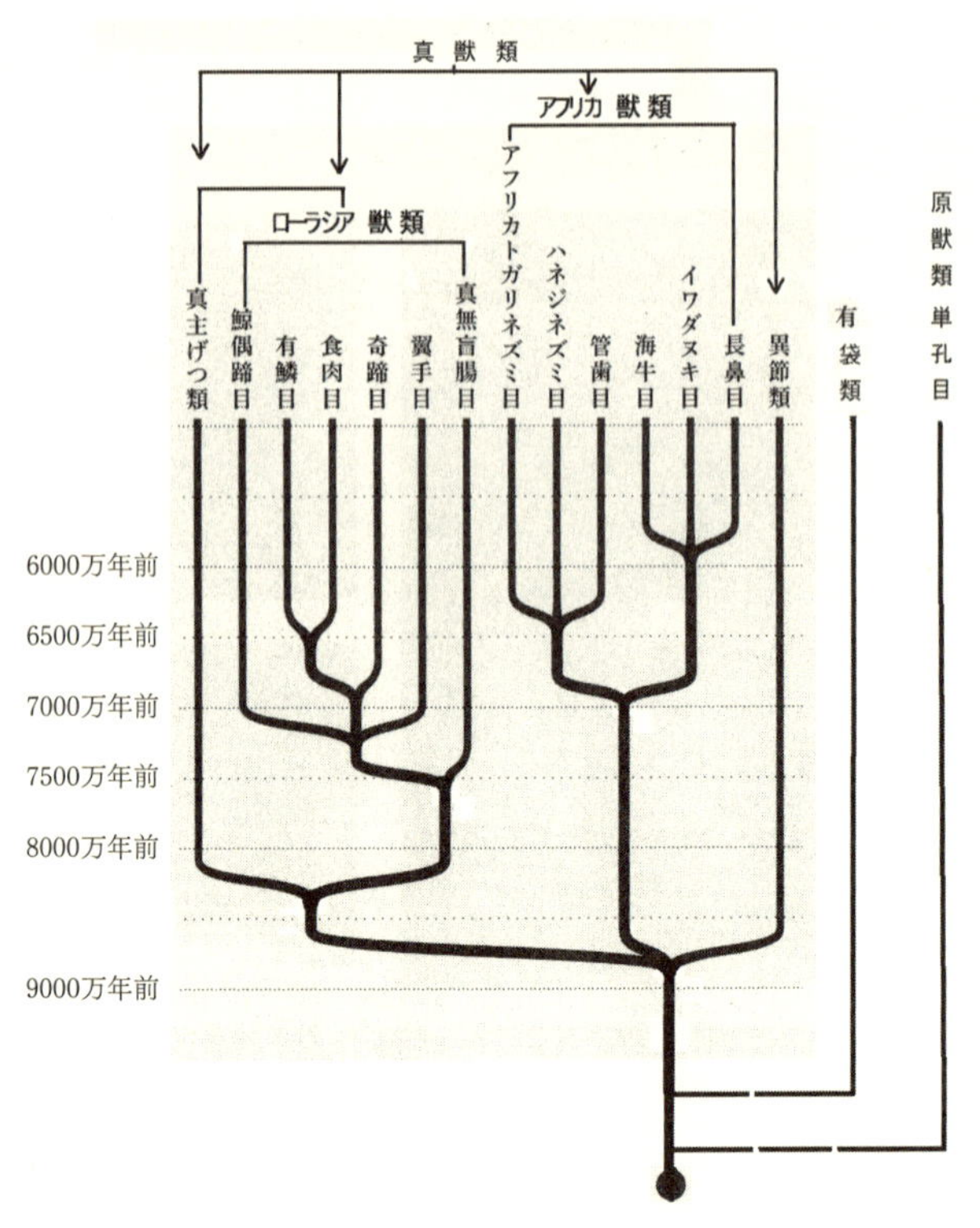

図2　哺乳類の分岐年代と真獣類の4大分類（長谷川政美、2014をもとに有袋類と原獣類単孔目を追加）

2019年3月～6月の国立科学博物館「大哺乳類展2」の図録（和田・川田・田島監修）では、哺乳類系統樹が掲載されている。これは「国際的な研究グループGenome 10K Community of Scientist（2009）が発表した系統樹に基づく」とされているが、真主げつ類とローラシア獣類の分岐年代は1億年以上前の年代が確定できない時に置かれるなど、これまで確認されてきた哺乳類の分岐年代とは大きく異なっているので、有袋類と原獣類の分岐系統だけを利用した。

ていたが、最近の分子系統学の発展によって確立された哺乳類の分類体系とぴったり一致する。

オーストラリア大陸の哺乳類は、カモノハシの単孔目とカンガルー類の有袋類で、他の大陸の哺乳類とは一線を画している。単孔目と有袋類を除く胎盤をもつ哺乳類である真獣類は、異節類（南アメリカ大陸）、アフリカ獣類（アフリカ大陸）、ローラシア獣類と真主げつ類（ユーラシア大陸と北アメリカ大陸）に四分される。

真主げつ類は、ネズミ・ウサギ類とサル・ヒヨケザル・ツパイ類だけのグループだが、ローラシア獣類は、モグラ類（真無盲腸目）、コウモリ類（翼手目）、ウマ類（奇蹄目）、イヌ類（食肉目）、センザンコウ（有鱗目）、クジラ・ウシ類（鯨偶蹄目）と主立った真獣類のほとんどを含んでいる。

胎盤をもつ真獣類は、恐竜が生きていた中生代の後半九〇〇〇万～八〇〇〇万年前に出現し、最初に南米の異節類、アフリカのアフリカ獣類と北方獣類とに分岐する。北方獣類は八五〇〇万年前頃に真主げつ類（霊長類とネズミ類）とローラシア獣類に分かれる。

食肉類はローラシア獣類が中生代の末期から多様化する過程の最後に、恐竜絶滅年代の六五〇〇万年前頃に生まれた。

そのもっとも近縁の動物は有鱗目（センザンコウ）である。食肉類のうちでもっとも古いものは、六〇〇〇万年前に出現した、ネズミからクマまでの大きさがあったオキシエナ（「鋭い歯」の意）で、五五〇〇万年前には肉歯目ヒアエノドン（「ハイエナの歯」の意）が出現した。現生食肉目の始まりは、ミアキスで、ミアキスは、現存するジャコウネコ科の動物たちとその外見が非常によく似てい

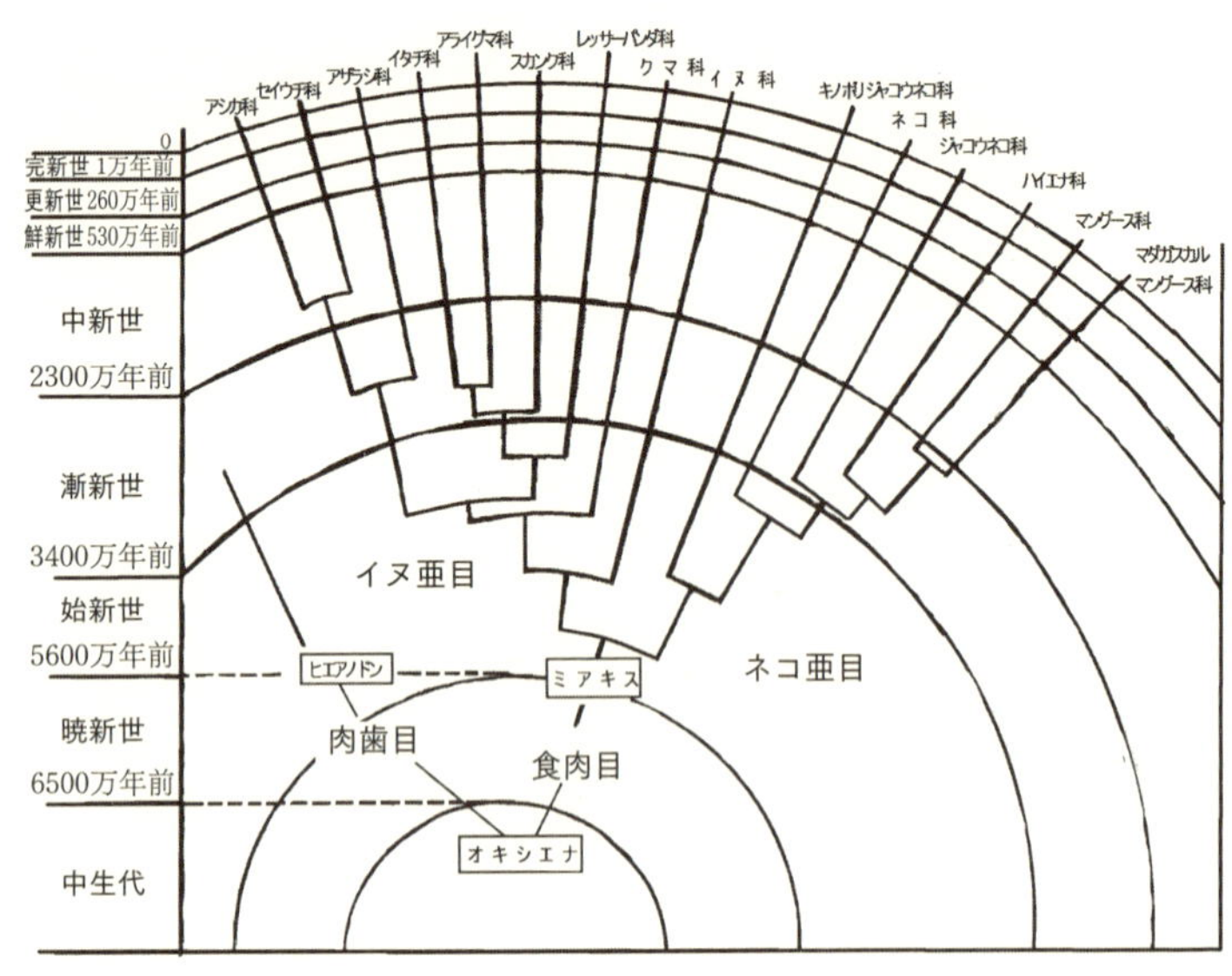

図3　食肉目の系統（長谷川政美、2014、66－67頁「食肉目の系統樹マンダラ」を改変）

る。

ジャコウネコ科の動物で現在もわれわれに身近にいるのはハクビシンで、渋谷の交差点の電話線を夕方に這って移動している。また、動物園で見られるビントロングはポップコーンの匂いという独特な匂いで知られている。これがジャコウネコという麝香の匂いがする獣たちという理由である。

ミアキスはすべての食肉目の祖先であり、ネコ亜目とイヌ亜目の祖先である。

ネコ亜目は、単独でこっそりと獲物に近づき仕とめる狩りをするタイプで、イエネコに典型的にみられる猟をおこなう。この仲間にはキノボリジャコウネコ科、ネコ科、ジャコウネコ科、ハイエナ科、マングース科、マダガスカルマングース科がある。

キノボリジャコウネコは、かつてはジャコウネコ科のひとつとされていたアフリカの樹上生活者で、体重は三kg程度の小型の動物である。

ハイエナ科の位置はながいあいだ議論の的だったが、ネコ亜目のマングースと近縁の動物であることが確定された。また、マダガスカルのマングースたちには、かつてジャコウネコ科に入れられていたマングース類最大のフォッサ（最大体重二〇kg）などがいて、マングース科とジャコウネコ科の両方に入れられていたが、独立した特徴を持つことが分かった。二〇〇〇万年前よりも前の漸新世に分岐した独立の科だが、当時インド洋の孤島となっていたマダガスカルにどうやって至り着いたのかは、分かっていない。

イヌ亜目は、肉食にこだわらない食性を開発した食肉類であり、イタチ科、アライグマ科、スカンク科、レッサーパンダ科（以上イタチ上科）、アシカ科、セイウチ科、アザラシ科（以上鰭脚上科）、クマ科、イヌ科に分類される。ジャイアントパンダはクマ科で、レッサーパンダとは区別される。

イヌ科は始新世後期の四〇〇〇万年前までには、クマ科をはじめとする他のイヌ亜目と分かれて独自の進化を始めている。

イヌ科ともっとも近縁のクマ科は、足裏をかかとまですべて地面につけて歩く人間やサル類（例外あり）などと同じ蹠行性だが、イヌ科の歩き方は趾行性であり、かかとの部分は地面から遠く離れ、つま先立ちして歩く。

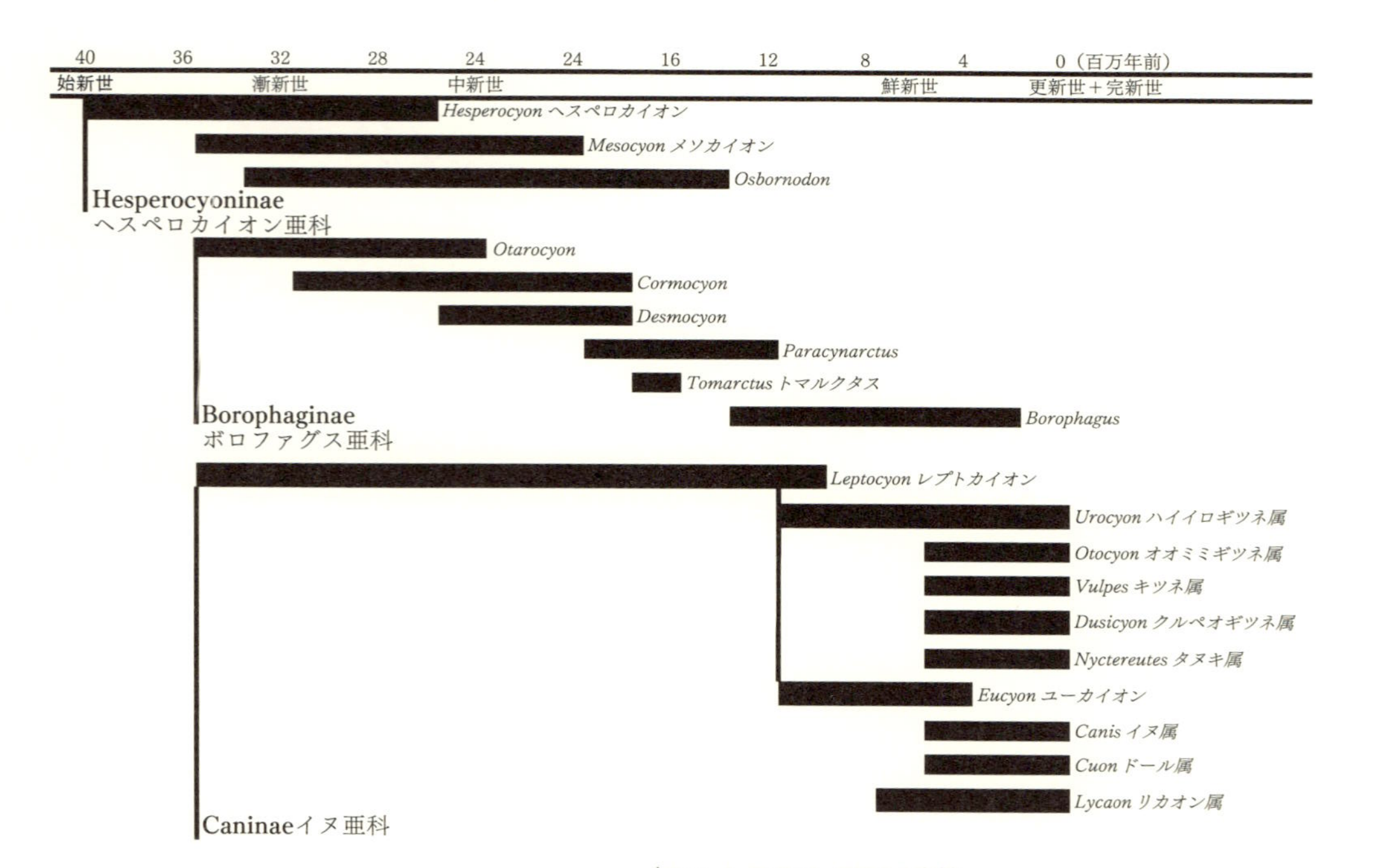

図4　イヌ科の代表的な属の生存年代

この足の形は、長距離を疲れも知らずに走り、歩くことに特化したもので、ネコ科のような鋭い突き刺す爪先ではなく、地面を蹴るのにふさわしい頑丈な爪となった。

このイヌ科の草原を走る能力の開発は、イヌでは後ろ足の指が四本になるほど、リカオンでは前肢後肢とも指の数を減らすほど、徹底したものになっている。

イヌの体温上昇に対する適応能力がすぐれていることは、舌を長く出し、パンティングによって口をあけて蒸気を出すことで、よく知られているが、長い鼻面も同じ役目を果たしている。人間の一五倍も広い鼻腔の感覚領域に血管がはりめぐらされているので、そこを流れる血液を冷却することも効率的にできるのである。これも地上で長距離を走りぬく能力を高めている。

イヌ科の祖先

イヌ科の祖先は三七〇〇万～二六〇〇万年前に生息していたヘスペロカイオン（*Hesperocyon*：西のイヌ、カイオンはギリシア語で「犬」の意味）で、絶滅したふたつの亜科（ヘスペロカイオン亜科とボロファグス亜科）とイヌ亜科の祖先である（図4）。

これまでイヌ科の祖先とされてきたメソカイオン（*Mesocyon*：メソはラテン語で「中間」の意味。北アメリカ、三五〇〇万年～二〇六〇万年前）は、ヘスペロカイオン亜科の一属とされる。

また、オオカミにつづくすべてのイヌ科の祖先とされてきた北米のトマルクタス（*Tomarctus*：「クマもどき」の意味）もボロファグス亜科に属する一六〇〇万年前までに絶滅したイヌ科の一亜科の短

図5　ヘスペロカイオン（Wang & Tedford, 2008より作図）

図6　ユーカイオン（Wang & Tedford, 2008より作図）

い枝である。

このイヌ科の祖先の登場は、シカなど草原性の有蹄類が登場する四〇〇〇万〜三〇〇〇万年前に対応している。

三四〇〇万年前には、レプトカイオン（*Leptocyon*：ギリシア語で「ほっそりした犬」の意味）が出現し、一〇〇〇万年前まで続いたが、これは二kg以下の体重のもっとも原始的なイヌ亜科（Caninae）である。

約一二〇〇万年前には、ユーカイオン（*Eucyon*：ギリシア語で「真のイヌ」の意味。北アメリカ西部）が出現するが、これは体重一五kgのジャッカル程度の大きさだった。つまり、イヌ亜科は二四〇〇万年もの間、ずっと小型のレプトカイオンが生き続けていたことになる。イヌ亜科が現在のような繁栄に至るのは、地球の寒冷化と乾燥化にともなう草原の拡大が大きく影響している。

北米からユーラシアへのイヌ科動物の移動

六一〇万年前にベーリング陸橋が成立して、北アメリカとユーラシア大陸が連結したため、北アメリカで繁栄していたウマ類などがユーラシア大陸へ移動する。地球寒冷化の始まりだった。それまで北アメリカに局限されていたユーカイオンも、これ以降ユーラシアへ進出した。

六〇〇万年前には、北アメリカ大陸南西部にユーカイオンより少し大きな最初のイヌ属が現れ、五〇〇万年前には、さらに大きなカニス・レポファグス（*Canis lepophagus*：ラテン語で「ウサギを食うもの」の意味）が同じ地域でみられるようになった（Wang & Tedford, 2008)。この種は、北アメリカからユーラシアへ分布域を拡大し、イヌ属はここから始まっている。(Nowak, 2003)

また、この頃までに北アメリカのユーカイオンは絶滅するが、アジアに進出したユーカイオンは二六〇万年前まで生存した。

北アメリカからユーラシア大陸へ移動したイヌ科の動物たちは、ユーカイオン属、タヌキ属、キツネ属、そしてイヌ属などである。

鮮新世（せんしんせい）末の三〇〇万年前頃には、中国でオオカミサイズのイヌ属（*Canis*）が出現し、まず西ヘヨーロッパまで拡大し、ついで二〇〇万年前頃には北アメリカへ進出した。その中で体長二mにもなったもっとも大きなダイアーウルフ（*Canis dirus*：ラテン語で「恐るべき」の意味）も北アメリカに現れ（北米起源説もあるが）、一八〇万年前には南アメリカに達した。この歴史上最大のオオカミは、ラマを主食としていて南アメリカに進出したと考えられている。

図7　ダイアーウルフ（Wang & Tedford, 2008より作図）

ユーラシア大陸から北米大陸への移動

二五〇万年前から一八〇万年前には、最初のオオカミが出現した（Nowak, 2003）。

一〇〇万年前には、北アメリカでコヨーテ（*Canis latrans*：ラテン語で「吠える犬」）が現れた。

タイリクオオカミ（*Canis lupus*：ラテン語で「オオカミ」）は、八〇万年前にはヨーロッパに現れている（Wang & Tedford, 2008）ので、それ以前にユーラシア大陸で出現したことは明らかだが、その起源年代は確定的ではない。

タイリクオオカミは北極周辺に五〇万年前に広がり、北アメリカ大陸の中央部には一〇〇万年前に現れている。一八万年～一三万年前の寒冷期にはエルク（ワピチ、あるいはアメリカアカシカ）、カリブー（トナカイ）、バイソンなどがユーラシア大陸から北アメリカ大陸に進出し、それとともにタイリクオオカミもやってきたと考えられる。

一〇〇万年前から五〇万年前までにユーラシア大陸から北アメリカ大陸へ再度移動したイヌ科は、キツネ属、ドール属とイヌ属などである。

ダイアーウルフは最終氷期後まで生存し、その間タイリクオオカミと共存していたが、一万年前（約九四四〇年前）に絶滅した。（Wang & Tedford, 2008）

イヌ科の動物とは、本来は木登りができる食肉目の中で、地上性の強くなったもののうち、クマのように木登りもできる雑食のものとは分かれて、本格的に地上だけで生活するようになった捕食者で

表1　動物の分類レベル

界Kingdom：動物界Animalia
門Phylum：脊索動物門Chordata
亜門Subphylum：脊椎動物亜門Vertebrata
綱Class：哺乳綱Mammalia

目Order	霊長目Primates	食肉目Carnivora
亜目Suborder	真猿亜目Simiiformes	イヌ亜目Caniformia
下目Infra order	狭鼻下目Catarrhini	
上科Superfamily	ヒト上科Hominoidea	イヌ上科Canoidea
科Family	ヒト科Hominidae	イヌ科Canidae
亜科Subfamily	ヒト亜科Homininae	イヌ亜科Caninae
族Tribe	ヒト族Hominini	イヌ族Canini
亜族Subtribe	ヒト亜族Hominina	イヌ亜族Canina
属Genus	ヒト属*Homo*	イヌ属*Canis*
種Species	ヒト*H. sapiens*	タイリクオオカミ *C. lupus*

（属名、種名はイタリック）

イヌ科
　イヌ亜科
　　1　ハイイロギツネ族
　　2　キツネ族
　　3　イヌ族Canini
　　　A　イヌ亜族（系統群オオカミクレード）
　　　　1　イヌ属
　　　　2　ドール属
　　　　3　リカオン属
　　　B　カニクイイヌ亜族（南米イヌクレード）

ある。このような地上専門の捕食者が生まれたのは、草原が広がり、草原性のシカやウシなどの動物が多くなってきた全地球的な寒冷化による生態系の変化が関係している。ネコ類にもチーターやライオンなど、地上性の食肉獣がいるが、イヌ科ほど陸上に適応した捕食者はいない。

2 イヌ科動物たち

ユーカイオンからの分岐

現在のイヌ科 Canidae（canis はラテン語の「犬」）の動物は、ハイイロギツネ族、キツネ・タヌキ類、南米のイヌ類とイヌ族（イヌ・クレード）に大きく四分類される。以下遺伝学的な情報をもとに、イヌ科の動物たちの分岐年代をまとめてみたが、先の節で述べた年代より若干古くなるのは、遺伝学と考古学の年代測定方法のずれである。

ハイイロギツネ族 *Urocyon* は、イヌ科の中ではもっとも古く一〇〇〇万年以上前に、北アメリカ大陸で分岐した七kg以下の小型の肉食動物である。キツネ・タヌキ類は一〇〇〇万年前から九〇〇〇万年前に他のイヌ族と分岐し、南米をのぞく全世界に分布し、ホッキョクギツネ属 *Alopex*、キツネ属 *Vulpes*、タヌキ属 *Nyctereutes*、フェネック属 *Fennecus* とオオミミギツネ属 *Otocyon* などが含まれている多様なグループである。

南米のイヌ類は、七四〇〇万年～六〇〇〇万年前に南アメリカ大陸でさまざまな形態のイヌ類となっ

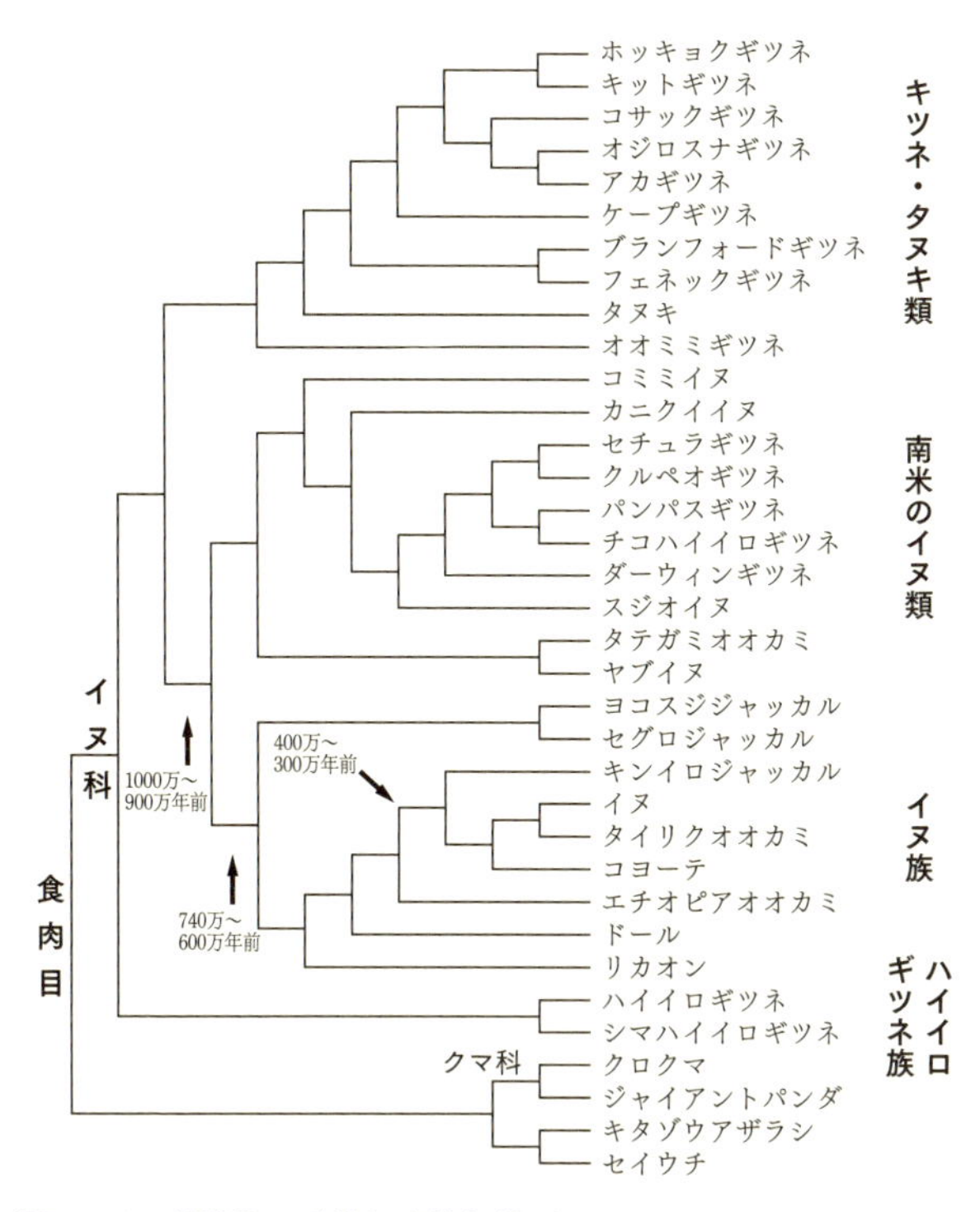

図8　イヌ科動物の系統と分岐年代（Lindblad-Toh et al., 2005より）

た。これには、クルペオギツネ属 *Dusicyon*、タテガミオオカミ属 *Chrysocyon* とヤブイヌ属 *Speothos* などが含まれている。イヌ族には、北米からユーラシア大陸とアフリカ大陸に分布するイヌ属 *Canis*、ドール属 *Cuon*、リカオン属 *Lycaon* などが含まれている。

　イヌ族の祖先とされるユーカイオン（*Eucyon*）は、先に述べたとおり、北米に現れて、六一〇万年前にできたベーリング陸橋を渡って、ユーラシア大陸へ進出したが、ヨーロッパを横断

図9　リカオン

リカオンはその独特の毛皮の模様で知られているが、同時に群れで狩りをする効率のよさでも群を抜いている。アフリカの夜、テントの外を「フッフッ」と鼻息をあげながら、通り過ぎるリカオンの群れのドカッ、ドカッという足音は、底知れぬ恐怖を呼び起こす。

してスペインにまで達しただけでなく、アフリカにも広がった。六一〇万年〜五七〇万年前のケニアの大地溝帯のバリンゴ地域のチューゲンヒルで小型のユーカイオンが発掘されているが、これはヨーロッパとアジア（中国）で確認されているものと同じ大きさだった。（Wang & Tedoford, 2008, 145p）

　イヌ族の中で最初に分岐したのは、アフリカのヨコスジジャッカルとリカオン（注2）であり、つぎにアフリカでセグロジャッカルが分岐した。同じ地域にすむこれらのイヌ族は、食物をかえてニッチ（生態的地位。四四頁参照）を分けたのだろう。より大型のリカオンは中型以上の草食動物を狩猟し、より小型のジャッカルたちは小型の草食動物や、ライオンやリカオンなどの食べ残しをあさることによって、同じ場所で生きていくことができるようになった。

　まったくおなじように、ユーラシアと北アメリカ大陸では、大型のタイリクオオカミはシカやムースなど中大型の草食獣を主に捕食し、より小型のキンイロジャッカル（ユーラシア大陸）とコヨーテ（北アメリカ大陸）は、大型捕食者のおこぼれや小型哺乳類を含む雑多な食性によって共存したのであ

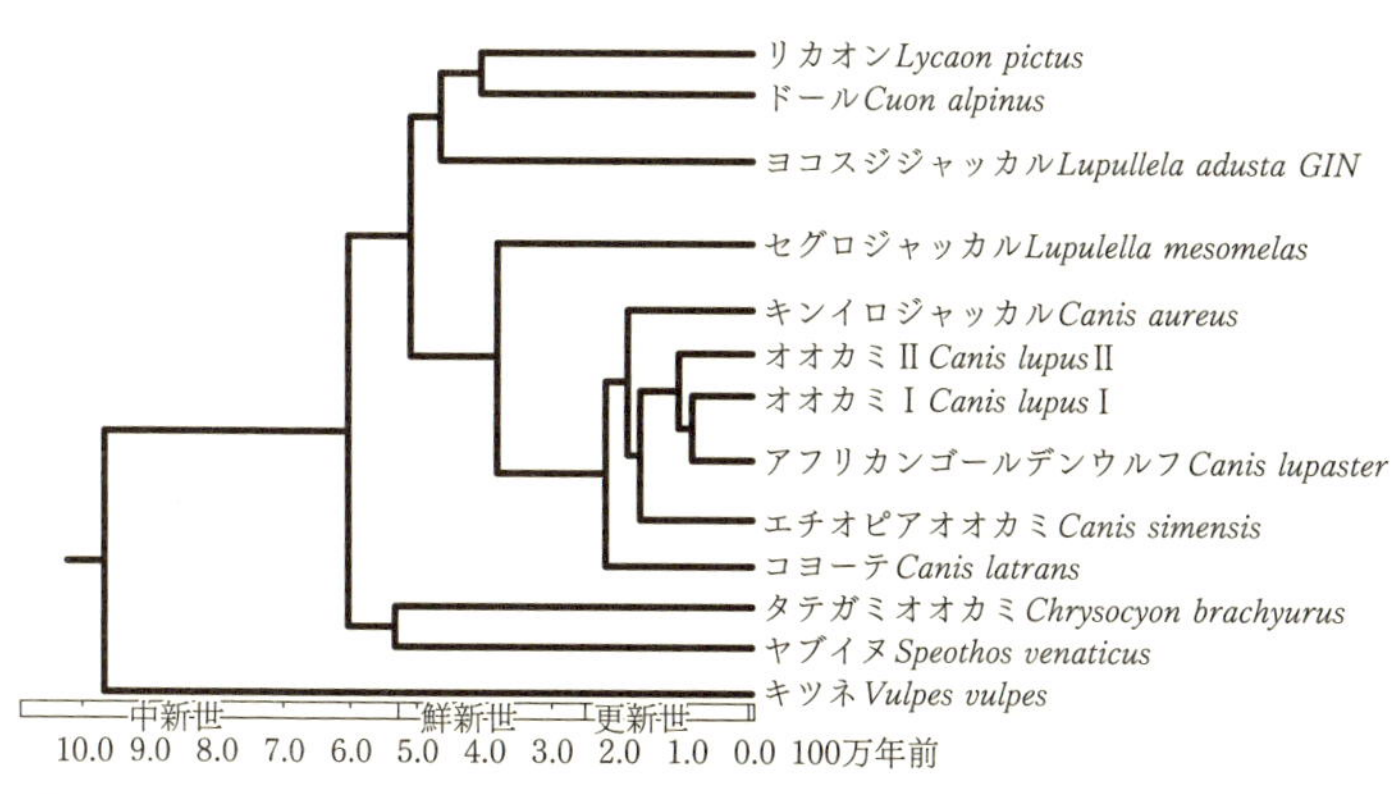

図10　イヌ族の分岐（Atickem et al., 2017 図2から改変）

る。

アフリカでのジャッカルとリカオンの分岐の頃、アジアでドールが分岐した。ドールは、アフリカ起源のイヌ類の中でユーラシア大陸に分布域を拡張した先駆種なのかもしれない。ドールは一〇〇万年前以降に北アメリカにも広がったが、現在の分布域はユーラシア大陸の東部から東南アジアにまで広がっている。

イヌ属（*Canis*）は四五〇万年前に現れ、二〇〇万年前にキンイロジャッカル（ユーラシア大陸南部）とエチオピアオオカミ（アフリカ北部）が生まれた。ここからは、ジャッカルという名前はともかくとして、家畜犬にもっとも近いイヌ属内の分岐である。

アフリカでは三〇〇万年〜二〇〇万年前に北部高原のエチオピアオオカミ（アビシニアジャッカル）が、北アメリカ大陸では一八〇万年前にコヨーテがオオカミと分かれている。コヨーテは北アメリカ大陸では一〇〇万年前の遺跡から確認されている。

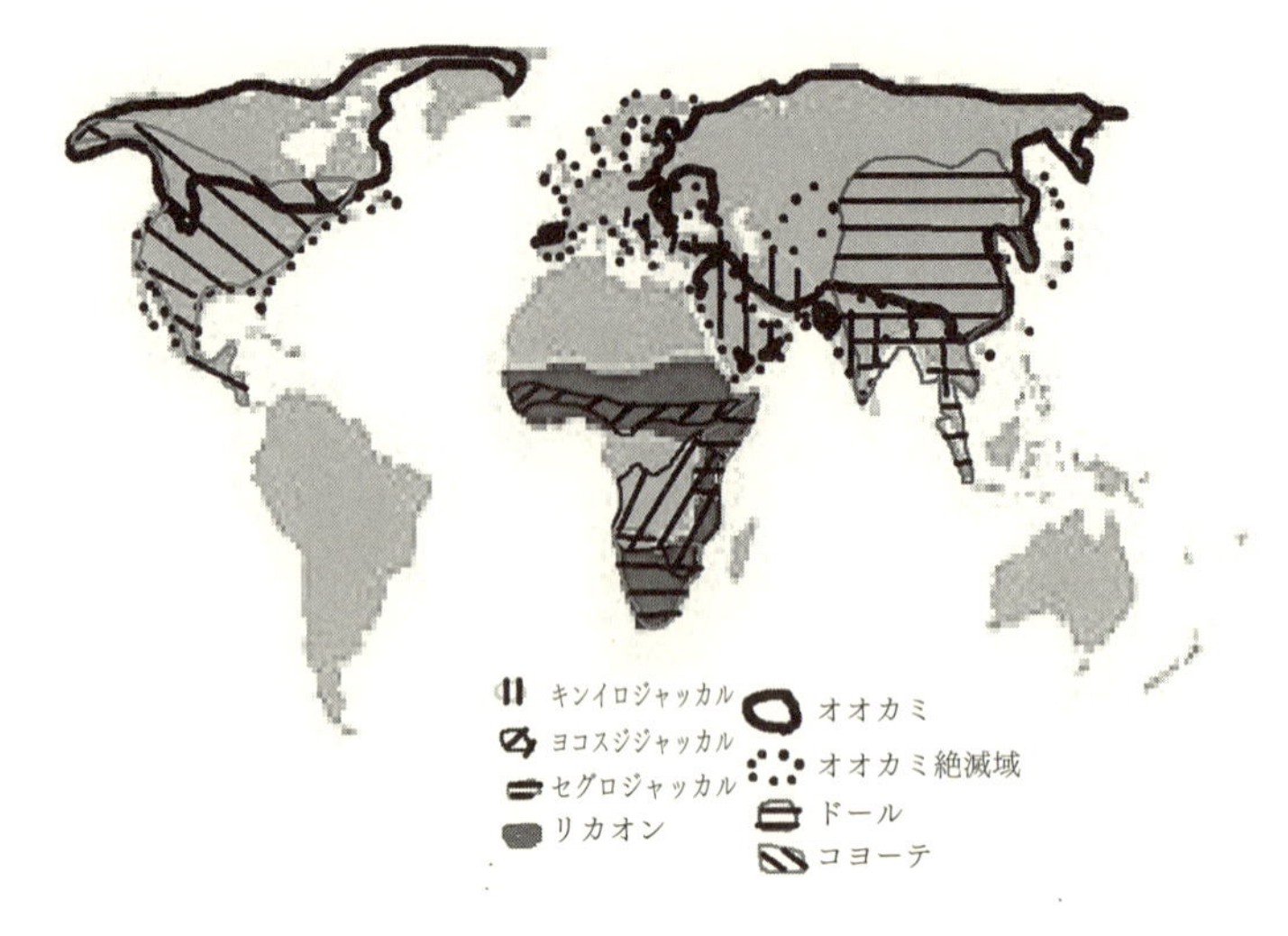

図11　イヌ科イヌ族の分布
イヌ属のオオカミ、コヨーテ、キンイロジャッカルと、ドール属、リカオン属とこれらと別属名がふさわしいヨコスジジャッカルとセグロジャッカルの分布域を大雑把に重ね合わせた。ここではアフリカンゴールデンウルフの分布域は示していない。

オオカミとイヌの共通祖先は一〇〇万年前頃に確立したが、それはネアンデルタールとヒトの共通祖先の時代だった。

イヌにとってはタイリクオオカミは同じ種であり、近縁にはエチオピアオオカミ、アフリカンゴールデンウルフとコヨーテがあり、やや遠縁のキンイロジャッカル、遠縁のリカオンとドール、もっとも遠縁のセグロジャッカルたちとなる。

表2　イヌ族（クレード：分岐群*）一覧

ヨコスジジャッカル*Lupulella adustus*：アフリカ南部を除く中央部に分布。体重6.5〜14kg。単独かペアあるいは6頭以下の家族群。
セグロジャッカル*Lupulella mesomelas*：アフリカ東部と南部に分布。体重6〜15kg。ペアか少数の群れ。
リカオン*Lycaon pictus*：アフリカ中央から南端まで広く分布する。体重17〜36kg、3〜6頭または40頭以内の家族群。
ドール*Cuon alpinus*：ユーラシア東部から南東部に分布。体重はオスで15〜20kg、メスは10〜17kg。5〜12頭、時に40頭の群れを作る。ことにマレー半島からジャワ島、スマトラ島まで分布することが注目される。
エチオピアオオカミ*Canis simensis*：エチオピアに残存分布。
アフリカンゴールデンウルフ*Canis lupaster*：北・東アフリカに分布。旧来、キンイロジャッカルのアフリカ地域個体群とされてきたが、2015年に新種に分類された。
キンイロジャッカル*Canis aureus*：アラビア半島とユーラシア大陸南部に分布。体重7〜15kg。ペアタイプの社会で家族群をつくる。キンイロジャッカルは、核DNAとミトコンドリアDNAによる系統推定では、アフリカとユーラシアのふたつの系統に分かれる。
コヨーテ*Canis latrans*：北アメリカに分布。体重9〜20kg。単独、ペアまたは小規模な群れ。
タイリクオオカミ*Canis lupus*：かつて北アメリカとユーラシア大陸北部全域に分布していた。体重25〜50kg。ウクライナでは86kgの記録。ペアタイプの社会。
イヌ*Canis lupus familiaris*：タイリクオオカミの亜種。

*クレードCladeは生物の分類において系統的な分岐関係にもとづいて行う際の分類群のことで、分岐群ともいう。

コラム　ニッチについて

ニッチ（niche）という言葉は、もともとは「壁龕（物をおく壁のくぼみ）」「適材、適所」をさす言葉で、生態学を創始したチャールズ・エルトン（Charles Elton）が「その動物の生物的環境における位置、その食物ならびに敵に対する諸関係」をニッチと定義した（エルトン、1955）ため「生態的地位」と訳されている。

この概念の重要性は、生物社会を混沌とした闘争の世界としてとらえるのではなく、それぞれの動物種が生態系の中でそれぞれの職業ともいえる一定の位置を占めていることを明らかにしたことにある。ニッチが「生物社会の中での職業」ともいわれるゆえんである。このニッチ概念をより狭く「主食の開発」ととらえると、たとえばサル類では、その形態、特に手指と歯の構造が主食を取りこむための道具となっていることが分かる。この形態と主食の関係は、多くの哺乳類でも同じである。アフリカのサバンナでのイヌ族（クレード）における種分化が、中型の草食獣を捕食するリカオンと小型の哺乳類などをあさるジャッカルたちを生んだのは、この「主食の開発」によるものである。

全ての動物は、種を独立した単位としているが、種の形成には地理的隔離と主食の開発のふたつのルートがある。生態系の中でどのような主食を選びとり、それを開発し、確保するかによって、それぞれの種は自分の形を変化させる。それは手と口の構造や形態だけでなく、移動方法も決定する。ふたつのルートは同じように種を作るとはいっても、大きな違いがある。主食の開発にはそれほどの意味がある。エルトンのニッチについての古典的定義は次のように変えることができるだろう。

「ニッチとはその動物の生物的環境における位置、その主食にたいする諸関係、を意味する」（拙著、『親指はなぜ太いのか』、26－27頁）

コラム　南方種の小型化について

ドイツ人生物学者クリスティアン・ベルクマンは「恒温動物の近縁種の間では大型の種ほどより寒冷な地域に生息する」という「ベルクマンの法則」として知られる仮説を一八四七年に発表した。

クマ科はその典型的な例としてよく引用される。北極にすむホッキョクグマは最大六五〇kg、北アメリカ北西部からユーラシア大陸北部と北海道のヒグマ（グリズリー）は最大四四〇kg（アラスカの例）、インドから日本列島の本州にすむツキノワグマは最大一二〇kg、東南アジアのマレーグマは最大六五kgである。

もっとも、種が異なると主食が異なるので、種間の大きさの比較は常に問題があり、たとえばインド東部からスリランカのナマケグマは最大一一五kgとツキノワグマと変わらないなど、「例外のない法則はない」という例にもなっている。

イヌ属（*Canis*）でも、ツンドラ地帯のオオカミは七八kgに達し、一八九四年にシートンが捕獲したロボは北米の南方にもかかわらず七〇kgもあったが、最小のものはイスラエルのアラビアオオカミ（*Canis lupus arabs*）で一三kgにすぎない。オオカミより南方に分布しているキンイロジャッカル、コヨーテはいずれも最大二〇kg以下、絶滅に瀕した北米大陸南部のアメリカアカオオカミ（*Canis rufus*）

写真2　ケニア、マサイマラのセグロジャッカル
しばらく草むらで休んでいたジャッカルは、そのあと歩き出した。マサイマラの草丈は高いので、小柄なジャッカルは空を見上げてハゲコウがどこに舞っているかを調べる。

も三六kg以下だったが、アラビアオオカミの最小値一三kgよりも大きい。

しかし、同じ種の中ではヒグマの場合でも最大のものはアラスカで見られているようにこの法則はかなりあたっており、オオカミでも最大個体はアラスカとシベリア、最小個体はアラビア半島と、南方種は小型化している。

追跡型食肉類として成功したイヌ族

イヌ族は熱帯雨林を避けてサバンナ地域での追跡型食肉類として成功している。リカオンとセグロジャッカル類二種のアフリカでの分布域は、コンゴ盆地の熱帯雨林を迂回している。同じことはタイリクオオカミの分布域にも示されていて、絶滅域を含めたタイリクオオカミの全分布域に東南アジアの熱帯雨林は入っていない。

ドールは謎の多いイヌ族の一員で、ユーラシア大陸の東部ではシベリアから東南アジアの全域とスマトラ島やジャワ島にまで分布している。

これらのイヌ族の大きさとニッチとは、密接に関係している。

アフリカでは、セグロジャッカルたちの体重一五kg以下に対してリカオンは二〇〜三〇kgと大きく、ユーラシア・北アメリカ大陸では、キンイロジャッカルやコヨーテの二〇kg以下に対して、タイリクオオカミは二五～五〇kg（最大八〇kg）と体重差は大きい。

小型種は大型食肉獣やリカオンやオオカミの食べ残しをあさるか、小型哺乳類などを捕食するが、大型種は中型哺乳類を集団で狩りをし、時に小型イヌ類も捕食する。

東アフリカのサバンナでは、セグロジャッカルは空を見上げる者として知られている。ライオンなど大型食肉獣やリカオンがシマウマやヌーなど自分たちでは捕食できない中大型獣を倒した情報を、ジャッカルは上空を舞うハゲコウから得て、その現場へ急ぎ、おこぼれを失敬する。

アフリカのセグロジャッカル類と同じニッチを、ユーラシア大陸ではキンイロジャッカルが、北アメリカ大陸ではコヨーテがもっている。

謎のドールを除いて考えれば、アラビア半島からインド半島とインドシナ半島の東部まではキンイロジャッカルが分布しているので、ユーラシア大陸でのイヌ族の空白地帯は、東南アジアだけである（逆に、キンイロジャッカルはイヌの東アジアへの分布拡大によってこの地域には入れなかったのかもしれない）。この地域へタイリクオオカミの南方辺縁種が分布域を拡大し、南方気候での小型化を起こし、タイリクオオカミの亜種イヌが誕生したと考えると、動物地理学の上からは合理的な説明となる。（以下、タイリクオオカミをオオカミと表記する）

では、イヌはこれらのイヌ科イヌ族の中で、どのニッチを占めるのだろうか？

イヌはジャッカル類のように魚や昆虫を含む小動物と食肉獣の食べ残し、死肉、果実さえも食物としたはずである。しかし、コヨーテの天敵がピューマ、イヌワシ、そしてオオカミであるように、イヌ族の小型種は大型種の餌となっているように、イヌもオオカミを含む大型食肉類を天敵としていたかもしれない。

イヌ科動物たちの分類では、イヌはオオカミと同じ種にすぎない。

しかし、決定的な違いがある。

では、どこが？

その問いに答えるには、オオカミとはそもそもどういうイヌ科動物なのか？　を明らかにしなくてはならない。

3　オオカミの遠吠え

神としてのオオカミ

二〇一二年に始まった全国の動物園をめぐる旅の途中で、北海道旭川市の旭山動物園でオオカミの遠吠えを聞いた。その日は、北の大平原を実感させる猛烈な吹雪の翌日で、きらめく白銀の大地の上にうそのように晴れ上がった深い空がひろがっていた。オオカミの群れの遠吠えを聞くことは、一種神聖な感覚をいだかせる経験で、たとえその遠吠えが閉園を告げる放送の声に触発されるとしらされても、その感動が曇ることはなかった。その声を聞くと、たちまち狩猟採集民の心が呼びさまされるようで、アイヌの言葉がつぎつぎに浮かびあがった。

朝日に輝く白銀の山(ヌプリ)が吠えた。高く晴れた吸い込まれそうなほどに青い空(カント)もまばゆい太陽(チュプ)も雪の中に咲く花(ノンノ)も遠吠えに加わった。北の大地のウォセカムイ（吠える神）の一族が豪雪明けの朝空に向かって、とがった口先を開いていた。

ちょうどその朝に積もった新雪のように透明な輝きのある力強い声で、神秘的な魔力に満ちた合唱だった。その木霊(こだま)は白銀の山へ谷へ、そして見晴らす旭川の白一色の大平原に浸みこむように鳴り渡った。それは今では北半球寒帯の大森林地帯でしか聞くことのできない『野生の呼び声』であり、まことに希有の体験だった。

大雪山の山々は久しく聞かなかったオオカミの遠吠えに、新鮮な思いを抱いているのだろう。

（『翼の王国』２０１３年2月号、26頁「北海道旭山動物園の「シンリンオオカミ」（注3）」より）

図12　オオカミの遠吠え
（笹原富美代・画）

アイヌ語では、ウォセカムイ（遠吠えする神）と呼ばれて神々の位置にあるオオカミは、オンルプシカムイ（狩をする神）とも尊称されるが、日本語ではもともと「大神」である。北国の天地にこだますオオカミの声には明確なメッセージがあるのだが、野生生物保護の先駆者アルド・レオポルド（注4）がいうように「その遠吠えの深い意味は、山々にしか分からない」。（Leopold, 1949, 137頁）

コラム　アメリカ大陸のオオカミと人間

アメリカの開拓時代に、オオカミほど目の敵にされた野生動物もいなかった。第二六代アメリカ合衆国大統領（任期一九〇一～一九〇九年）セオドア・ルーズベルトは、自分の牧場の牛がオオカミに襲われていることについて聖書に片手を置いて大演説をおこない、オオカミを「荒廃の獣」となづけ、「進歩をおびやかすものの代表である」と徹底的に糾弾した（ロペス、1984、174頁）。大統領がこうなのだから、一九世紀末にひとりで一〇年間に四〇〇〇～五〇〇〇頭のオオカミを殺すものさえ現れたのは、不思議ではない。

一八八四年、大平原北部のモンタナ州で最初の報奨金法が通過した。オオカミ一頭につき一ドルが支払われ、一八八六年には二五八七頭のオオカミが殺された。モンタナ州での報奨金は一九一一年には一頭あたり一五ドルに引き上げられたが、オオカミの情報はなかった。一八八三年から一九一八年にかけて、モンタナ州一州で八万七三〇頭のオオカミが殺され、報奨金は三四万二七六四ドルに達した。（同書、226頁）

しかし、オオカミ殺戮へのアメリカ人の狂熱はおさまらなかった。

一九一五年には合衆国政府は国有地のオオカミ絶滅法を通過させ、そのために一二万五〇〇〇ドルの支出を決めた。一九二八年には「オオカミの隠れ家を奪うため」にアーカンソー州民は国有林に放火し、一九三一年に合衆国議会は対オオカミ戦争を開始するために一〇年間に一〇〇〇万ドルを支出する法案を可決した。

一九五〇年代には、オオカミの大量殺戮はアラスカにおよび、後にアラスカ州知事になったジェイ・ハモンドは「月に三〇〇頭のオオカミを飛行機から射殺」したことを誇っている。（同書、176頁）

アルド・レオポルドがオオカミを撃ったのは、たとえそれが子連れの母親であったとしても当時の社会状況からは不思議なことではなかった。ただ、彼は瀕死の母オオカミに近づいてその緑色の目の炎が消える瞬間を見た。その時、若い射撃狂の心に転換点が訪れた。オオカミが北米大陸の生態系に果たす役割を感じるようになったと、彼はその著書『野生のうたが聞こえる』の中で描いている。

オオカミを根絶した地域では、増えすぎたシカの食害によって森林が失われることをレオポルドは悟った。人間の感じる短い時間ではなく、山々の感じる時間の中でなければ、オオカミが存在する理由は分からない。それこそ「オオカミの遠吠えの意味は、山々にしか分からない」という意味だった。

アルド・レオポルドはオオカミの再導入を一九四四年には提案している。その予言は、イエローストーン国立公園のワピチ（アメリカアカシカ）の樹木への食害を目の当たりにした生物学者たちによって、現実のものとして痛感されるようになった。ワピチは体重四五〇㎏、角長二mに達する大型のシカで、ワイオミング州北西部イエローストーン国立公園の高原を夏季の採食地としていた。

イエローストーンは、一八七二年に世界で最初の国立公園として指定され、世界最大のカルデラと全米屈指の野生生物の豊富さを誇っていた。しかし、一九二六年にイエローストーンで最後のオオカミが殺されている。この時、コヨーテは残っていたが、小さな彼らでは巨大なワピチを獲ることはできなかったため、捕食者のいなくなったワピチは一万三〇〇〇頭にまで増加し、九〇〇〇㎢の樹木を食害し、水辺のポプラやヤナギを食い荒らして、植生は破壊された。このために、川岸の土壌が流出してビーバーの生息地も破壊され、ビーバーはほぼ絶滅した。

一九七四年、オオカミは絶滅危惧種法により、保護種として指定された。

一九六六年以来、連邦議会でもオオカミの再導入が検討されるようになり、紆余曲折をへて三〇年後（一九九五年）にアメリカ合衆国魚類野生生物局はオオカミを三つの回復地域（ワイオミング州、アイダホ州とモンタナ州）に再導入することになった。一九九六年にはイエローストーン国立公園のあるワイオミング州とそれに隣接するアイダホ州で合計六六頭のオオカミが野生に戻された。

イエローストーン国立公園では、野火によって一面の焼け野原になった地域があるが、木々の種子はむしろこの火によって発芽を促され、新たな森林を誕生させる。そのように、オオカミに捕食されてワピチは適正な頭数になり、国立公園の生態系が維持されるようになった。

この地域は、二つの国立公園とひとつの保護回廊、そして周辺の鳥獣保護区と国有林に守られた大イエローストーン生態圏を構成し、温帯域に再現された原始の生態圏として高く評価されている。それは、国立公園や国有林などの国有地と州有地の合計が、ワイオミング州だけで一三万五〇〇〇㎢におよぶ広さ（琵琶湖六七〇・三㎢の二〇〇個分！　日本の全国土面積の三分の一！）に支えられているが、同時にオオカミの再導入によって完成された。オオカミぬきの生態系は、ありえないからである。

二〇〇九年末には、ワイオミング州、アイダホ州とモンタナ州の三州で一七〇〇頭のオオカミが確認された。イエローストーン公園には、うち一〇〇頭が生息していた。

亜種のメキシコオオカミは、一九七七年から一九八〇年にかけて野生の全個体が捕獲され、一九九八年一一頭のメキシコオオカミが東アリゾナと西ニューメキシコに再導入され、二〇一〇年には五〇頭が確認されている。

しかし、オオカミを敵視する世論は根強く、「悪魔が動物を飼っているとしたら、それはカナダのオオカミだ」というCMがアメリカ各地でテレビで流されつづけた。

二〇一一年、連邦議会はオオカミを絶滅危惧種リストから外すことを決議した。この年、アイダホ州はオオカミの脅威を取りあげて「非常事態宣言」を出した。一人の人間もオオカミに殺されたことがなかったにもかかわらず（ダッチャー、2014、124頁）。この年からアイダホ州、ワイオミング州では、誰でもオオカミを狩猟することができるようになり、一年間でアイダホ州のオオカミの半数が殺されたという。

こうして、オオカミと人間との激烈な関係は、アメリカ大陸の中で、今なお続いている。日本列島では、一九三〇年代にあっさり絶滅して、記憶にさえ残らなくなっているが。

オオカミ研究小史

野生オオカミの研究は、アドルフ・ムーリーのデナリ（旧名マッキンレー山。アメリカ合衆国アラスカ州）での調査が、先駆けだった。（『マッキンレー山のオオカミ』、一九四四年刊）

デイビッド・ミーチ（一九三七年生まれ）の“*The Wolf*”（一九七〇年刊）は、スペリオール湖のアイル・ロイヤル国立公園（アメリカ合衆国ミシガン州）での一九五八年から一九六二年までの研究をとりまとめただけでなく、広くオオカミ研究を総覧して、科学的情報をもとにオオカミについての全体像をあきらかにした。彼はこの業績によってオオカミ研究の第一人者となり、それ以来現在まで一貫してオオカミの研究と保護・啓発にかかわっている。アメリカ地質調査所上席研究員であり、国際自然保護連合（ＩＵＣＮ）のオオカミ専門家会議議長、国際オオカミセンターの創設者として、今なおオオカミ学の牽引者でもある。

オオカミのように広大な行動域をもつ動物の野外研究はテレメーター（遠隔測定器）の利用なしには不可能だが、ラジオ・トラッキング（電波を利用した追跡）の技術開発は北米では一九六〇年代から始まった。一九六七年にKolenoskyらがカナダのオンタリオ州で行ったものが最初だったが、ミーチ自身も一九七一年以降論文を発表している。ミネソタ州では一〇〇〇頭ものオオカミにテレメーターが装着された。アラスカでこのラジオ・トラッキングは一九九〇年代から始まった。そのなかには、カナダのアルゴンキン州立公園での一一年間の追跡記録もある。

オオカミの研究は、フィンランドでも一九六〇年代に始まり、イタリア、ロシアでも一九七五年には研究報告が出され、同じ年にＩＵＣＮにオオカミ専門家グループが形成された。

アラスカ州でのカリブーとオオカミの個体数調査やミネソタ州のスペリオール国有林でのシカとオオカミの個体数調査は、一九八〇年代以来、現在までミーチの主導のもとに行われている。

一九九〇年代には、アイル・ロイヤル国立公園のほか、オオカミが再導入されたイエローストーン国立公園でも継続的な研究が行われるようになった。また、一九九一年以降、オオカミの遺伝的研究が始まり、年々拡大している。(Mech & Boitani, 2003)

しかし、オオカミ研究の領域ではアマチュアの観察についても触れなくては公平ではないだろう。時速五六～六四㎞で、一日最大七二㎞も移動し、必要とあれば一三㎞も泳ぐことができ、一〇〇〇㎢をこえる行動域（北緯五〇度以南では六九～六二五㎢）を持つオオカミを直接に観察することは、僥倖とも言えるもので、その機会を得た者は、そんなにいない。

その機会を得たカナダの国民的作家、ファーレイ・モウワット（一九二一年生まれ）は、有名な『オオカミよ、なげくな』を一九六三年（原著刊行）に出した。この本はオオカミ研究の権威ミーチも著作の文献一覧に掲載しているが、その内容を反映してはいない。

一九五〇年代後半にモウワットは、カナダ野生生物保護局の専門家としてオオカミの生態調査に送りこまれたのだが、本の中には場所や日時を特定できる情報がまったくない。これが、ミーチが科学情報として利用しなかった理由のひとつであろう。場所は、ハドソン湾西岸の「チャーチル北西三〇〇マイルかな」という、彼を極北バーレンランドに運んだパイロットの言葉が書かれているだけで、日時が明らかなのは、彼がオオカミを調査した地点に、一九五九年五月はじめにカナダ政府はオオカミ毒殺用の餌をまいたが、結果は分からなかった、という「エピローグ」の言葉だけである。

モウワットは、五月末にチャーチルを出発し、「狼屋湾」でのオオカミ一家族の観察を切り上げたのは七月中旬だから、近接した観察は約一ヵ月半程度である。冬季にはツンドラで生活できないオオカミたちは一一月には森林地帯に戻るため、モウワットは北部マニトバ州のブロシェットに移動したとあり、約半年の調査期間だった。この期間は、野外研究としては、長いほうではない。

最近になって、オオカミと二年間暮らしたというショーン・エリスの情報が公開された（エリス&ジューノ、2012）。エリス（一九六四年生まれ）は、イギリスの「クームマーティン野獣・恐竜パーク」でオオカミ三頭と柵内で暮らして、オオカミたちのアルファ（第一位）となったとして、テレビ映像で広く宣伝された。しかし、彼の本の中ではモウワット以上に、野生のオオカミと暮らしたという場所と日時が特定できない。

権威者ミーチは、エリスを「科学者でもオオカミの行動の専門家でもない」と一刀両断に切って捨てている。たしかに、アマチュアへのプロとしてのこの評価はある程度まで当たっているのだが、オオカミの実態を知ろうとすると、先住民の知識への正当な理解とともに、これらのごく幸運なアマチュアの観察と体験を抜きには語れない側面もある。

シンギング・ウルフ（歌うオオカミ）

人はオオカミの遠吠えの中に、野生の神秘を感じ、ある種の恐れを抱く。しかし、オオカミたちが遠吠えのほかに声を出すことはほとんど知られていない。

飼育されたオオカミは多いが、野生のオオカミたちのさまざまな声を聞いた研究者は、そんなに多くない（前項オオカミ研究小史参照）。このため、ごく稀な幸運に恵まれて、野生のオオカミの群れを近くで観察することができたモウワットの知見は、きわめて重要なものである。

ミーチは、一九七〇年にはオオカミの声として遠吠えのほかに四種類の声をあげている（二〇〇三年には子どもで一一種類、オトナで一〇種類の声とそのバリエーションを合計して四二パターンの声に分類している）。このうち二つはごく接近しないと聞かれない声で、ウィンパー（whimper）とソーシャル・スクゥイーク（social squeak）である。前者は弱々しいというより優しげな声とでも言うべきか？　また後者はより小さな小声の話し声であろうか？

ウィンパーをおしゃべり（Talking）と説明する研究者もいるように、社会的な友好的な声で、この声を出すとオオカミたちが寄ってくるという記録もある。

唸り声（growl）は、もちろん攻撃的な声である。この声を聞いたら、逃げるほうがいい。

吠える声（bark）は追跡時の声であり、興奮した時の声、あるいは何かがテリトリーを侵した時の警告の声である。ミーチが聞いたのは、一五頭のオオカミが倒したムース（ヘラジカ）に彼が近づいて調べている間（二時間半！）、まわりでオオカミたちが吠えていた時の声が、それだったという。

(Mech, 1970, 96p)

この吠え声には二種類あり、短いものは警戒警報、長いものは、ミーチが経験したような、侵入者への警戒抗議である。

犬は、オオカミのように、複雑な言語を持っており、吠え方でいろいろ違ったことを告げ、音の高低を変えて数マイル先まで届かせることができる。（エリス&ジューノ、2012、235頁）

ファーレイ・モウワットは「オオカミの通訳」という一章を設けて「（オオカミの）発する音声の多様さと幅は、人間をのぞいて私が知るいかなる動物の能力をもはるかにしのいでいた」と「遠吠え、悲しげな声、震え声、くんくん鳴く声、鼻声、うなり声、きゃんと鳴く声、吠え声」をあげて、ミーチの分類をしのぎ、さらに「こうした種類の一つ一つに、うまく表現できないが、無数の変化が見られた」と正確に述べている。（モウワット、1977）

ミーチは科学者なので、そのオオカミの声についての分類的な記載はちっとも面白くない。しかし、だからこそ、人はこの記載を信じることができる。事実に忠実になると、話は面白くないものだと、われらは知っているからである。しかし、モウワットの書いたことを信じるかどうかは、非常に微妙な問題になる。こちらは、あまりにも面白すぎる。

モウワットはオーテクというイヌイット（北極圏先住民）をガイドにしていたが、彼はオオカミを親戚と考えるシャーマンの家系であり、オオカミの言葉を理解することができた、とされている。そこからが、問題である。

（オスオオカミの）ジョージが突然おき上がり、耳を前に立て、長い鼻面を北へ向けた。一、二分して頭をそらして遠吠えした。はじめは低く、おわりは私がきこえる最高の高さへと、長く震えるような遠吠えであった。

オーテクが私の腕をつかんで、うれしそうにニヤリと笑った。

『カリブーがくるんだ。オオカミがそういってる！』（同書、１０８頁）

実は、オーテクは英語ができず、モウワットはいちどテントに戻って、オーテクの友人のマイク（イヌイット族）の通訳をとおして、オーテクの言っていることの内容を説明してもらったのだった。しかも、マイクが説明したところでは、北隣のなわばりに住むオオカミがジョージに教えたのだが、このオオカミも自分でカリブーを見たのではなく、もっとずっと遠くのオオカミからの伝言で、しかも、ジョージはそれをまた他のオオカミに中継した、というのである。

もちろん、モウワットはこれを信じなかったが、マイクはオオカミの伝言を受けて、カリブー狩りに出かけ、三日後、モウワットにカリブーの「もも肉と舌の山」を土産に持ってきた（！）。

ある日の朝、ジョージがその妻のアンジェリンに「猟が思わしくないので、帰るのは昼ごろになる」と伝えていたと、オーテクはいっしょにオオカミを観察していたモウワットに語った。しかし、オーテクの言っていることが分からなかったので、それを知ったのはテントに戻って、マイクから説明を受けたときだった。その日、オスオオカミたちが巣穴に戻ってきたのは、モウワットの記録では一三時一七分だった。（同書、１１１頁）

モウワットが語るこのオオカミの言葉を理解できるイヌイット族がいるという話を、誰が信じるだろうか？　私がモウワットを信じるかどうかは、「動物屋として」命がけの選択である。

野生のオオカミの群れの中で二年間生活したショーン・エリスは、オオカミの声に精通していたが、精密な分類はしていない。ただ、オオカミが言語を持っていることをまったく疑っていない。「それは犬も同じだ」と、彼は言う。

アメリカ大陸の小型オオカミともいうべきコヨーテは、犬と同じようにいつも吠えるので、それがアメリカ先住民のナワトル語の名前「コヨーテ」の由来となっている。うるさいイヌ科動物はコヨーテだけではない。適切な訓練をしないとあらゆるものに向かって吠え続ける犬となるのは、イヌというオオカミ亜種が、もともとかなりおしゃべりなタイプのオオカミだったのだろう、と私は考えている。つまり、犬はシンギング・ウルフだった。

オオカミの言葉を理解できるイヌイット族のシャーマンがいるとすれば、その南方亜種のイヌの言葉を理解できるヒトが、数万年間のある時、現れたとしても不思議ではない。

オオカミは人を襲わない

オオカミは現生のイヌ科のなかで最大の種で、体重は二五〜五〇kg（最大八〇kg）と犬のふつうの体重よりずっと重い。このオオカミのヒトに匹敵する大きさのために、オオカミの住む北半球のどの民族の間でも、オオカミについては尊敬と恐怖の念をまじえた民話や神話が語りつがれている。

オオカミの中には、人間のまわりに近寄ってくるタイプの単独個体がいるが、多くの場合たちまち人間の射撃の的になる。ジュノーは、アラスカ州南部の町で、カナダのブリティッシュ・コロンビア州の海岸側に深く入りこんだ太平洋岸に位置する。二〇〇三年一二月にこの町の郊外に一頭のオオカミが現れ、二〇〇九年に殺されるまで、多くの人びととその連れている犬と友好的な関係をもち、その一部始終を『アラスカ』誌の社外編集者だったニック・ジャンズが一冊の本にした。（ジャンズ、２０１５）

凍った湖の上に立っていた真っ黒いオオカミは、湖畔の家から散歩に出ていたジャンズ夫妻とその愛犬ラブラドール・レトリーバーのダコタに向かってまっすぐ突進してきた。

40メートルを切るほどに距離が縮まった。そこでオオカミは足を突っ張らせて立ち止まった。（ジャンズ、２０１５、13頁）

それが、このロミオと呼ばれた黒いオオカミとのジャンズ夫妻の初めての遭遇だった。ダコタはジャンズの手をふりきってオオカミに近づき、お互いが鼻先を触れるほど近づいてあいさつをかわした。

ジャンズはアラスカの旅の専門家として多くのオオカミを見てきたが、まれにオオカミが「好奇心もあらわに人間を観察することすらある」（同書、26頁）と語り、さらにはこの黒いオオカミのように、「僕が彼のことを観察しているのと同じように、彼も僕を観察し」（同書）何をしようとしているのかを知ろうとしているように見える特別なものもいる。ジャック・ロンドンが『白い牙』の中で描いた、たき火のまわりを取り囲んだオオカミの群れが、人間たちの唯一の移動手段である橇犬を一頭一頭奪い去る様子は、いかにも恐怖をそそる描写だが、たき火のまわりで人間の様子をうかがうオオカミの姿は、極北を旅する人びとが時に経験することだった。

厳寒の冬にたき火のまわりの闇の中に坐り、人びとの団らんを観察しているオオカミの姿が、たき火を映して輝く二つの目に象徴される。オオカミにとっては、単なる好奇心と人間への許容の心が、見つめられる人間の側に恐怖を呼び覚ますのだった。

ごく最近まで、オオカミは人間たちにとって畏敬の的だった。人を襲うというさまざまな話が「赤ずきんちゃん」を含めて、広く流布している。だが、ミーチの長年月にわたるオオカミの野外調査の結論は、「狂犬病ではない健康なオオカミが人を襲ったことはない」という驚くべきものだった。

彼は自分の経験したひとつの例をあげている。それは、生後九ヵ月のムースを仕とめて獲物に集まっていた一五頭のオオカミの群れの近くで軽飛行機から降りて、その現場に近づいた時の話である。

着陸から半時間でムースの死体の現場に到着したとき、他のオオカミは逃げてしまったが、二頭のオオカミはまだ食べていた。しかし、ミーチが一〇〇m以内に近づくと最後のオオカミも逃げさった。ミーチはムースの検査をしてさらに四五分間、そこにとどまっていたが、飛行機からの合図で二頭のオオカミが突進してきているのを発見した。危険を感じたミーチはピストルを抜いて構えたが、この動きを見たオオカミはたちまち逃げ去った。
ミーチは「私がまだそこにいたことを知らなかったのでオオカミはやってきたが、いることが分かった瞬間、逃げて行ったのだ」と観察している。(Mech, 1970, 293p)
一九五〇年代後半に北極圏に近いカナダ東部のツンドラ地帯、バーレンランドでオオカミの生態調査をしたファーレイ・モウワットも、オオカミの巣穴に入り、母子二頭のオオカミに出会った時のことを詳細に記録に残している。

みんなすみかの壁にぴったりくっついて、死んだようにじっとしていた。（モウワット、1977、200頁）

オオカミの人間への許容度は驚くべきで、ある研究者が巣穴からオオカミの子を取り出しても、両親ともにそばで吠えているだけで、まったく攻撃しなかったという例さえもミーチは報告している。
これらの初期のオオカミ研究の結果に加えて、最近の情報を集めても、健康な野生のオオカミが人間を襲ったのは、ごく最近のカナダとアラスカの一件ずつである。（ジャンズ、2015、133〜137頁）
オオカミによる殺害事件の少なさに比べれば、飼い犬に殺される人間の数には驚くほかはない。アメリカでは年間三〇件にも達する（同書、137頁）し、日本でも二〇一七年だけで二件が報告されている。

『アラスカ』誌の外部編集者のジャンズ自身、アラスカでの三〇年間の生活の中で一〇頭をこえるグリズリーから攻撃され、ムースからは三〇回以上もアタックされた。しかし、オオカミとの危険を感じた遭遇はただの一回で、それも「あと10メートルというあたりで急ブレーキをかけたように滑りながら止まり、目を見開いて僕を確かめると、全速力で反対の方向に走り去った」(同書、137頁)のである。これはミーチの体験とほとんど同じである。

つまり、オオカミは人間と分かった瞬間に攻撃モードから逃走モードに切り替えるのだ。

この理由についてジャンズは「人間はオオカミの遺伝子の中に神格化された存在、または避けるべき重大な脅威として刷り込まれているのかもしれない」(同書、140頁)とまで考えているほどである。ただ、オオカミにも狂犬病がある。どんな小型の犬も「危険」とされるのは、この狂犬病のためだ。オオカミであれば「危険」は増幅される。

モウワットは一九四六年にチャーチルの町に狂犬病のオオカミが現れた時の大騒動を描いている。カナダ陸軍の伍長が襲われかけたという報告で陸軍が出動するまでに至り、一一頭のハスキー犬とアメリカ兵一人とインディアン一人が、自警団によって死傷する騒ぎになった。最初の遭遇から三日目に病気がひどくなったオオカミが、道路にさまよい出て陸軍のトラックにひかれて死んで結着がついた。この二日間の外出禁止を、「オオカミの包囲によって人間社会は麻痺した」と、今でもチャーチルの人びとは語るのである。(モウワット、1977、152頁)

オオカミは「人がよい」

オオカミは、信じられないほど強い社会的結束をもち、その核には、つがいとなるオスとメスの固い絆がある。それを中心とした子どもたちやほかのオトナとの結束は、おだやかで強固で、永続的なものである。

モウワットはオオカミの巣穴を見つけたので、翌日からその穴の観察をした。その日は朝からまったくオオカミの姿を見ることができなかったので、目が疲れ果てた午後三時に小用を足そうと立ちあがり、ズボンのボタンをはずした。そのとき、ふとまわりを見渡すと「私のまうしろ、しかも二〇ヤード（約一八メートル）と離れぬところに」（同書、60頁）オオカミ夫婦がすわっていた。すっかりくつろいだ様子の夫婦は、退屈した表情の大きなオスと好奇心満々のメスだった。モウワットはオオカミたちを追い払ったあとになって、無防備だったことに気がついたというのだが、「一体だれがだれを観察していたのかということで、ささいなことながらどうしてもぬぐいきれぬ疑問にとらわれだした」（同書、61頁）のである。

ミーチはオオカミのパーソナリティーについて「人間で言えば『愛想のよい人』と言えるような種類」と形容している。(Mech, 1970, 7p)

速力が速く、体力もあるカリブーやワピチのような草食獣を追って生活する捕食者にとっては、このような社交的な性質は非常に重要である。猟の成否が直接生存にかかわるきびしい狩猟生活では、お互いの協力関係こそがキーポイントになるからである。

オオカミの群れは、オスメスのつがいを中心としてその子どもたちからなる三〜一一頭（最大四二頭とも）からなるパック（一隊となって獲物を追う集団）と呼ばれる（動物の群れに特有の名前が与えられるのは、このほかにはライオンのプライドがある）。このパックの縄張りは厳重に守られ、その広さは数百km²、もっとも広い場合は一〇〇〇km²（！）にも及ぶ。

オオカミのパックの成員の間には、親密な関係や信頼関係がある。

ミーチはある日、スペリオール湖のアイル・ロイヤル国立公園で、ムースを見つけたオオカミの群れを見た。それまで長く一線になって移動していたパックは、数秒でひとつに集まり、尾を振りあい、鼻面をつけた。それからオオカミはムースへ突進した。その時、ミーチはオオカミたちには狩猟を効率的なものにするための順位ある社会関係と、コミュニケーション・システムが存在することに気づいたという。

オオカミの走る能力

オオカミの走る能力は、陸上動物の中でもトップクラスで、最高時速と持久力でこれに勝るのは、北米の草原を闊歩する偶蹄類プロングホーンだけである
カナダの北極圏ツンドラ地帯では、オオカミはカリブーを主な獲物としているが、カリブーの速力は時速八〇kmに達するので、健康で強い個体を追跡してもオオカミは追いつくことができない。モウ

ワットは、オオカミがカリブーの群れの中を歩いても、カリブーはまったく気にしないことに驚いている（モウワット、157〜160頁）。オオカミはイヌイットがモウワットに言ったように、老弱な個体や幼獣を選んで捕食している。

オオカミの主たる獲物は、アラスカではカリブー、カナダ西部ではエルク（ワピチ、あるいはアメリカアカシカ）、オンタリオ州とアメリカ合衆国ウィスコンシン州ではオジロジカ、ミシガン州のアイル・ロイヤルではムースである（Mech, 1970, 175p）。ヨーロッパでは、オオカミの主たる獲物は、家

表3　動物界の最速比較

チーター：短距離（600m以下）時速96〜101㎞
プロングホーン：長距離（1㎞以上）時速56㎞、最高時速88㎞（800mで）（『ギネスブック』より）。一説では時速97㎞とも、最速時は100㎞を超えるとも
トムソンガゼル：時速94㎞
スプリングボック：時速100㎞とも
カリブー：時速80㎞ 競走馬　最高時速77㎞
グレイハウンド（競争犬）：時速74㎞
ダチョウ：時速70㎞
ライオン：時速58㎞
ウィペット（競争犬）：時速56㎞
ゾウ：時速40㎞
人間：最高時速37㎞

〈100mの所用時間〉

人間：9.58秒	ダチョウ：5.14秒
ゾウ：9.0秒	グレイハウンド：4.86秒
イノシシ：8.0秒	競走馬：4.68秒
パタス：6.57秒	オオカミ：6.5秒
チーター：3.56秒	

畜とイノシシである。(Peterson & Ciucci, 2003)

もっともムース(シカ科最大種。ヘラジカとも)のように、最大体重八〇〇kgに達する大物の猟はオオカミにとっても難しく、オオカミがムースを発見した一三一例中実際に倒したのは六頭にすぎなかった(Mech, 1970, 210p)。この数字には、オオカミが攻撃を試してみただけという場合も含まれているが、水中に逃げた三六例のほか、ムースが逃げ切ったのは七八例もある。

オオカミの子は生後二一日で巣穴から出る。三五日で乳離れをし、遅くとも生後一〇週(二・五ヵ月)では巣穴を出て移動を始める(同書、143頁)。この速成のイヌ族の子どもと生後一年たっても這うことしかできない人間の赤ん坊は、根本から違っている。

オオカミが人間の子どもを育てるという「お話」は、ローマ建国の祖であるロムルスとレムスがオオカミに乳をもらっている有名な銅像や、キップリングの小説『ジャングル・ブック』のオオカミ少年モウグリのおかげで広く知られているが、むろん、根も葉もないことで、オオカミ研究者の指摘もそっけない。

「オオカミの巣で(ヒトの赤ん坊が)生き残れるような環境はない」(同書、295頁)と。

4 オオカミとイヌの時代――気候の激変期

気候の激変時代が七万年前から始まる

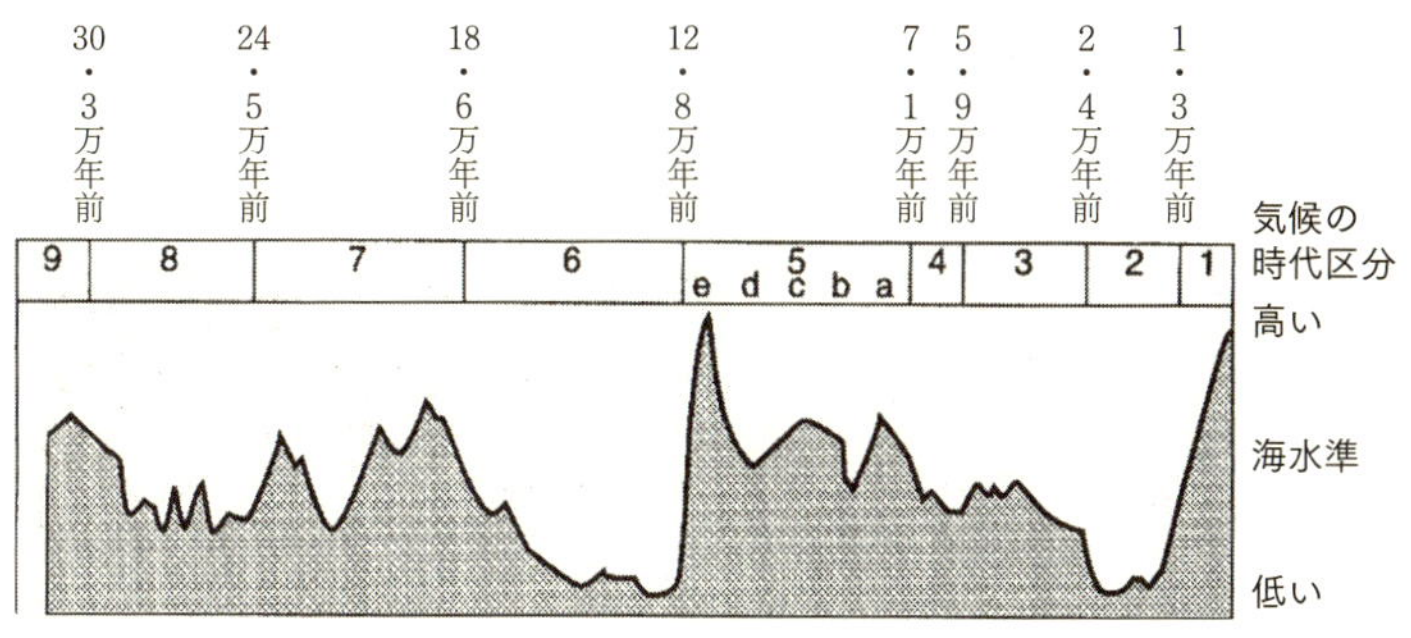

図13　更新世後期の海水面変化（ストリンガー＆ギャンブル、1997より作図）
氷期になると南極、北極の両極地域とヒマラヤ、アルプスなど高山地域に氷河が拡大し、地球全体の水が氷に変わるので、海水面が下がる。12万8000年前のリス氷期が終わった後、温暖期が7万年前まで続くが、それ以降は寒冷な最終氷期に入り、ことに2万〜1万年前にもっとも寒冷な時代となった。現在はその後の急激な温暖期のただ中にある。

アフリカを約一〇万年前に出発したヒトの集団が、インド亜大陸を越えて東南アジアへ向かってていた同じ頃、オオカミの南方辺縁の集団にイヌが誕生していた。その頃、世界は現在とほとんど同じほど温暖な気候から氷期に向かって激変する環境に直面した。

一二万八〇〇〇年前の温暖期が終わると、地球規模での寒冷気候に突入した。七万年前からの寒冷期はきびしく、最終氷期までほとんど一直線に寒くなっていく。五万年前頃にはユーラシア大陸と北アメリカ大陸を隔てていたベーリング海峡が陸橋になり、ベーリンジアと呼ばれる広い陸地が現れた。この陸橋は、マンモスやカリブーなど草食獣とそれを追うオオカミたちなどの捕食者も移動するルートとなり、アジアで大型化したオオカミ、ダイアーウルフや現生のタイリクオオカミが、人類に先んじて北米大陸に渡った。

この寒冷気候の引き金になったと考えられるのは、七万年前に大爆発を起こしたスマトラ島のトバ火山で、その噴出量は二五〇〇〜三〇〇〇㎦と過去三〇万年間で最大の火山爆発だった。このトバ大噴火を境に、MIS3氷期(ヴュルム氷期)へと寒冷化は進んだ。

それまでにアフリカから移動して来ていたヒト集団は、インド亜大陸では一掃されるほどの影響を受けたとする説(オッペンハイマー、2007)もあり、ヒトのアジアへの移動の波は、大きな障害を受けた可能性がある一方、この大噴火に続く氷期の海の低水位によってオーストラリアへの移住ができた可能性もある。

この時代の気温低下は、約五℃(六〜七℃とも)だったと想定されており、現在私たちが「異常気象」と呼んで恐れているCO₂の排出による四℃(最大六・四℃あるいは二一〇〇年までに最大四・八℃上昇とも)の気温上昇幅を上まわる幅での気温の低下だった。

三万七〇〇〇年〜三万六〇〇〇年前には、イタリア半島中部でカンパニアン・イグニンブライト噴火(CI噴火)と呼ばれる噴出量五〇〇㎦の巨大噴火があった。CI噴火によって、ヨーロッパの大半が火山灰に覆われ、地中海沿岸の森林は七五%減少し、ネアンデルタールの生存に決定的影響を与えた。

北アメリカ大陸では、アメリカ合衆国アイダホ州のジャガー洞窟で三万二〇〇〇年前の「犬」の骨が発掘されたとされるが(Clutton-Brock, 1995)、これは五万年前のベーリング陸橋で北アメリカ大陸に渡ったオオカミと考えられる。

二万九〇〇〇年～二万六〇〇〇年前には、日本の九州南部で始良(あいら)カルデラ大噴火（AT噴火）があり、その噴出量は四五〇㎦以上でCI噴火と同規模だった。この噴火以降前期旧石器文化につながる大型石器は日本列島では見られなくなるが、この文化を担ったのは、ホモ・サピエンスではなく、ホモ・エレクトゥス類（ホモ・ハイデルベルゲンシス？）だった。

二万六五〇〇年前には、ニュージーランド北島タウポ湖噴火があり、その噴出量は七五〇㎦以上とCI、AT噴火より巨大な規模だった。

これらの引き続く巨大火山噴火は、地球規模の気候に大きな影響を与えたのではないだろうか？LGM（Last Glacial Maximum）と呼ばれる最終氷期の最寒冷期は、二万四〇〇〇年前に始まっている。

この最終氷期のもっとも寒冷な時期、約二万年前には再びベーリンジアが現れ、北アメリカとユーラシアに陸橋がかかることになった。この陸橋を渡って現生人類は北アメリカ大陸に入った。

東南アジアには、現在の南シナ海南部を中央サバンナ平原として、南と東にスマトラ、ボルネオの山脈に囲まれ、西ははるかヒマラヤ山脈につながり、北は平原化した東シナ海を望む広大なスンダランドが出現し、アフリカから出発して東へ移動していた現生人類にとって、もっとも広くかつ多様な生活場所を提供していた。

最終氷期のただなかイヌの家畜化が始まる

この最寒冷期のただなか、一万五〇〇〇年前に東アジアでオオカミ亜種イヌが家畜化される。この人類史上類をみない大事件が、この寒冷期の最中に、ここ東アジアのどこかで起こったことは注目されてよい。

そして、最終氷期のもっとも寒冷な時代、一万二八〇〇年〜一万一六〇〇年前のヤンガードリアス期が訪れる。

この最寒冷期は急激な気候変化を特徴としており、北半球の高緯度地域を中心として、一〇℃以上の気温低下が起こり、その直後に気温が上昇し、後氷期へ、完新世に入った。

ベーリング陸橋もこの温暖化とともに一万年前に海没するが、人間について犬もベーリング海峡を渡り、アラスカ（フェアバンクス）では一万年前の遺跡から犬の骨が出土している。

このヤンガードリアス期の寒冷化の原因には諸説があり、北アメリカでの彗星衝突によるとも言われているが、噴出量は一六㎦と小規模とはいえ、一万二五〇〇年前にドイツのラーヘルゼーでの噴火があり、その影響も考えられる。

第二章

イヌ、ヒトに会う

私は人間の偉大な発明というものはすべて、色気の出る前の子どもの遊びで作り出されたと思っている。たとえば、火がそうだ。私は小学校のころには自分で火をおこしていた。いや、かまどで火をつけたというんじゃない。山に行って、子ども同士で遊んでいるときに、火を起こそうということになった。それで竹を使ってみることを思いついたんだ。竹を鋭い堅い木の棒で錐をもむように擦ると、簡単に煙が出て、火の粉ができるんだ。それを枯れたヨモギをもみほぐしたものに包むと炎があがる。竹があれば、火は簡単なものさ。ヨモギの火口は、大人がお灸なんかで使っていたのを見ていたからね。

子どもはなんでも発明するんだ。弓矢でも銛でも、釣り針でも自分で作り出すものさ。（石井勲）

1　エイヤワディ河畔午睡の夢

東南アジアでの出会い

六万年前、ヒトの東へむかう集団は、インド半島の海岸線を西から東へと回って、広大なガンジス川の河口地帯を東へ横断し、アラカン山脈の急峻な地形を海岸から迂回して、エイヤワディ川流域に到達した。

その川岸には、生活に必要なものはすべて揃っていた。イモ類、果樹、イノシシやシカやウサギや

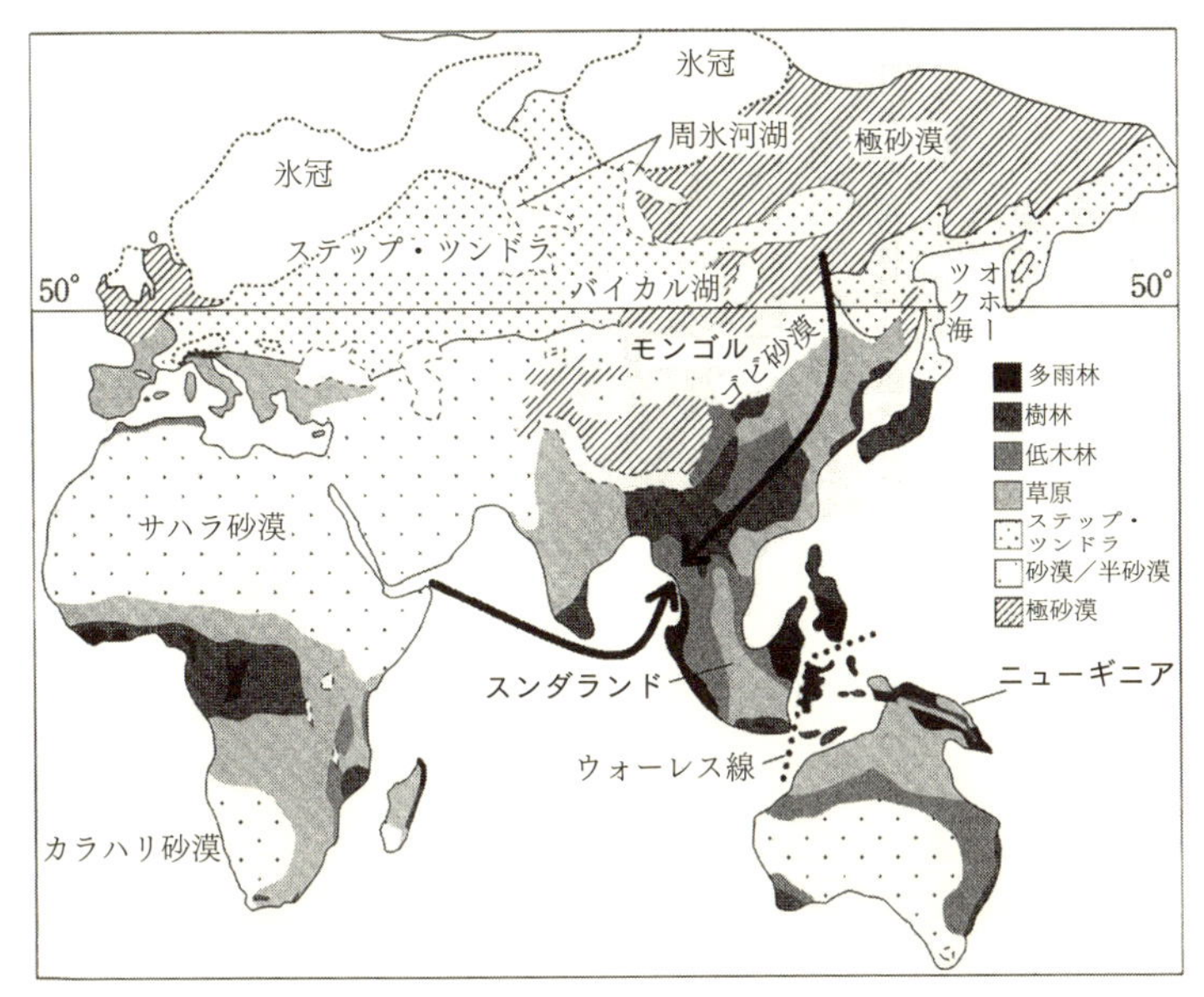

図14　イヌと現代人の出会い地点の想定　下向きの矢印はオオカミの南下集団の、上向きの矢印はホモ・サピエンスの北上集団の移動を示す。（最終氷期極大期Last Glacial Maximum LGM：2万4000年～1万2000年前。オッペンハイマー、2007：図6.1より）

最終氷期の極大期には、氷床が北極のまわりに拡大しただけでなく、地球規模で乾燥気候が広がった。アジアの地形は、熱帯地域の広大なスンダランドと陸地化した東シナ海、大陸につながる大日本半島と陸橋となったベーリング海（ベーリンジア）によって、現在のものとはまったく異なっている。ボルネオとインドシナ半島の間の南シナ海南部が400万㎢の陸地となり、中央部の熱帯草原とそのまわりのモンスーン森林、そしてその大きな森林帯の東と南にボルネオとスマトラの熱帯雨林が囲んでいた。概観すれば、最終氷期の東アジアの植生は、北方と内陸部は乾燥草原で、南方と海岸部は照葉樹林とかなり広い熱帯雨林さえある大森林帯となっていた。

（スティーブン・オッペンハイマー：1947年生まれのイギリス人。医者としてアジアをまわり、マラリアの研究から遺伝学者となった。オックスフォード大学人間科学研究所のリサーチ・アソシエイト。）

サル類、魚もエビやカニも貝類も、きれいな水もあった。しかし、誰もが驚いたのはかみ砕くと甘い汁が出る竹のような植物であり、さらには、花芽を切ると砂糖水を流すヤシの一種だった。サトウキビとサトウヤシである。バナナもあらたに食料に加わることになった。

その頃、オオカミの南下集団（イヌ）は、凍りついたヒマラヤ山脈とチベット高原の外縁を回りこみ、雲南省とシャン高原を経由して、エイヤワディ川流域の草原地帯に狩り場を発見した。そこは彼らの主食であるシカ類の宝庫だった。彼らは川岸の崖に巣穴を掘り、子育てをした。

同じ頃、ヒトもエイヤワディ川の流域で村を作った。魚を取るのにも、水を得るのにも、サトイモやバナナを植えるにも、これほど適した場所はなかった。彼らの集団は大きくなり、川むこうの集団とは時に敵対し、時に友好関係を保っていた。しかし、ときどき襲ってくるヒョウやトラ、そしてドールはやっかいな捕食者で、ことに老人や女性や子どもには危険だった。

ある日、彼らヒトとイヌが出会った。それが、すべての始まりだった。

こんな夢をみた——少女に拾われた子犬

エイヤワディ川には、思い入れがある。

叔父（永木守）は久留米を駐屯地とする菊師団（第一八師団）の騎兵として先の大戦に出て、この川の流域で帰らぬ人となった多くの若者の一人だった。祖母にとって私は、戦死した長男の生まれ変わりだった。しかし、その因縁だけでなく、ミャンマーの人びとには説明できないほど深い親近感を感じる。

私の友人には「ミャンマーに三ヵ月行かないと落ち着かんようになる」と言うほどのミャンマー好きがいる。その男、高校以来の友・倉田修三と、ある日エイヤワディ川に面したカフェで、河原でボール遊びに興じる子どもたちを見ていた。一〇人ほどの男の子たちが手製のボールを蹴りあって、大声をあげている。その近くには二頭の犬が日陰にすわって、子どもたちを見たり、居眠りをしたりしていた。

きりもなく遊び呆けている男の子たちの傍らを、水のバケツを頭に載せて家事を手伝っている女の子がスタスタと歩いていく。

ぼんやりとミャンマーの子どもたちの遊びを見ているのが、実業家として秒単位の忙しさを感じつづけている倉田の唯一の息抜きの時間だと言う。

「わしらの子どものころと、ほんとにそっくりや。ああやって、よう遊んだもんや。のう、あんたもそうやったやろ。わしらの子どもの頃と今のミャンマーの田舎の子どもは、ほとんどおんなじやないか」

竹で編んだ壁に囲われた竹の露台で、川風を感じながらひと時を過ごすのは、やや老齢に達した男たちにはかけがえのない時間だった。運ばれてきたコーヒーを飲みながら、自分たちの激動の半生を振り返り、二人して実にいろいろな話をした。彼は実業家として成功していた。その忙しい生活の中で、たったひとつだけ原則があった。

「ここに行こうと思うとき、たった今からでもすぐに出発できるように自分の時間を調整できるようにした」

彼はそのために、一日も抜けることができないような地位にはつかないことを原則とした。また、余計な予定を入れないようにした。

「しかし、ミャンマーに来る時でも、最大二週間までにしとる」

どうして、また？

「二週間すぎると、友達から忘れられるようになる。『あいつ、またおらん』ということになってな」

その点、私は生涯、無職の身だから、時間に縛られることだけはなかった。しかし、彼は金に縛られることがない生活だから、それはうらやましい。

「あんたあ、そげなことを言うけどな、わしから言わせれば、気楽な生活やと思うよ。人に言えん苦労はあるやろうがな。まあ、好きな動物の尻を追いかけるだけの生涯気楽な生活や」

まあ、狩猟採集民の時代なら、自分の動物についての感覚は最大の財産だっただろうが、銭金万能の現代社会では金と聞いただけで、震え上がるからなあ、と私はぼやく。

「それくらいが、ええっちゃ。なまじ金に執着すると、ろくなことはない。歳とってな、金の苦労をさせてみい。あっと言う間に死んでしまう。わしは、そういう例をなんぼでも見てきた」

話をしているうちに、眠くなった。ちょっと横になる。風が心地よい。子どもたちの歓声が遠くなっていく。

夢の中で、孫娘と旅をしていた。マダガスカルでの旅だと思っていたが、エイヤワディ川の流域のようだった。広い河原と対岸の見えないほど大きな川面があり、その川面が夕日で金色に輝いていた。まだ五、六歳の孫娘を連れて魚を取ってきた帰りのようだった。

「大きな魚が取れたね」。それは当然だ、なにしろ私は専門家である、というような声がする。孫に言っているのかもしれないし、少女といっしょに歩いていた祖母の説明かもしれなかった。

川岸から少し離れたところに、木と竹の柵で囲われた村があった。どの家も高床式で、はしごを登って、竹壁の部屋に入るようになっている。地面にはたき火の炉があり、すでに中年の女が火をおこしていた。老人は魚と数匹のエビをその女に渡し、階上へ上る。少女と祖母は調理の手伝いを始めた。

男たちの大声が近づき、柵の入り口まで少女が駆け出した。ほかの子どもたちも集まってきた。父親は少女を抱き上げ、「お土産がある」と言った。

父親は背負い袋から子犬を取り出した。子犬は目が開いたばかりの小さな柔らかい茶の毛の塊だったが、その目は少女を見ていた。その時、小さなふたつの心の間に、何かがかよいあった。

父親の説明は簡単なものだった。

「大きくなったら食べてもいいと思って拾ってきた。この先の岸にイヌの巣があって、ドールとものすごく争っていたが、この子以外はみな食われていた。生き残った子は、幸運だった」

父親の声に階上から老人が顔を出した。犬には幸運と凶事がふたつながらに入り混じっている、とか、そんなことを言った。しかし、少女のうれしそうな顔を見ると、何も言えなくなった。少女は母親を亡くしたばかりだったから、何か必要だろう、と祖父も思っていた。

少女は、他の子どもたちからも一目置かれる存在になった。祖父が誰からも怖がられる長老であること、彼女自身の足が速いこと、活発なこと、そして何よりも犬を連れていること。まるで双子の姉妹のように、少女と犬はかたときも離れることはなかった。

父親が連れてきた子犬はメスだったから、六歳の少女が一〇歳になったとき、ひと腹の子犬たちを産んだ。全部で六匹の子犬たちはそれぞれ色が違った。近くに来たオオカミとの間の子だろうというのが、親たちのもっぱらの意見だった。

少女はその一匹一匹に名前をつけた。

「お母さんに似ている茶色の子は、パね。きれいな色だから。真っ黒な男の子は、セツ。元気だから。茶に白が混じっている女の子は、ラ。ちょっと白いってこと。茶に黒の男の子は、キ。セツよりちょっと小柄だけど気が強いから。灰色の男の子は、リね。賢いから。白黒のブチの男の子は、セン。とっても速いから。分かった？　みんな。自分の名前を覚えるのよ」

少女の名はアヤ、母犬の名はマーマ。子犬が産まれてから、母犬に名前がついた。このふたりはそれまででも最強のペアだったが、さらに六頭もの子犬グループが加わった。

高床の日陰で六匹の子犬と遊んでいるアヤを見るのは、祖父の大きな楽しみだったが、ほかの少女たちのようにはグループで遊ばないのが、少し不安だった。

「私はね」と少しおとなびてきたアヤは祖父に説明した。「ほかの女の子の『ままごと』とか『お母さんごっこ』がきらいだったの」

祖父はアヤの何かを理解して、子犬たちとの遊びを眺めていた。

「私はあなたたちのお父さんよ。分かる。マーマはお母さん。みんなの石を見つけるから、川へ行きましょう」

猟に出る父親たちの不在中は、家族を守る役目は老人たちにあった。アヤの祖父は村の三人の老人の最年長者として尊敬されていたが、アヤが生まれてからは祖母といっしょにいつもアヤのそばにいた。河原へ小石を探しにいくアヤといっしょに歩くのも祖父だった。

子犬の石探しは、何日もかかった。すぐに適当な石を探すだろうと思った祖父のあてははずれた。アヤはそれぞれの子犬にぴったりの石を探しあてるまで、何日でも河原を探すつもりのようだった。

「白と黒の石は、セン。色が似ているからね。このすてきな赤い色の石は、パ。女の子はきれいな色でなくちゃね。真っ黒の黒曜石は、セツ。当然よね。これはお父さんが大切にしてきた石なんだよ。そして、とうとう見つけた緑の石。これはラの石。パの赤のようにすてきな色でしょ。茶に黒のまだら模様の石は、当然キ。リの石はこれ。一見灰色だけど、濡れると真っ黒になるの。ちょっといいでしょ？」

アヤはこれらの子犬グループの統率者となった。同時にこれらの石を投げ、それぞれが自分の石を拾ってくるという神業を見せるようになったのは、少女の犬扱いの才能の非凡さを示していた。

そして、ある日、彼らは最初の狩りをすることになった。マーマがウサギを見つけ、回り込んで、子犬たちの群れに向かうように仕向けた。沸き立った子犬グループの中で、セツだけはアヤのそばから離れず、走り回る子犬たちを見ていた。そして、ウサギがアヤたちの近くに、五頭の子犬の群れを引き連れて飛び跳ねてきた瞬間、セツはダッシュし、一撃で仕とめた。追いついたほかの子犬たちが、一口でも嚙み切ろうと騒ぎ回るのを制して、セツはウサギをアヤの足元までくわえて運んできた。

アヤとマーマ以上に、セツとアヤの関係は特別なものだった。彼らはどんな時でもいっしょで、次第に大きな獲物を持ち帰るようになった。祖父はその猟に常にいっしょに行って、アヤの技量を実感していた。

話を聞きつけた村人たちから祖父のもとへ、犬の群れを貸してほしいという要望が何度も来たが、祖父は長老として「時期尚早である」と受けつけなかった。子犬たちが経験を積んで、どのような猟にも耐えられるようになるまで、まだ数年かかるだろうと、正確に見積もったのである。だが、村人の中には、それを長老の利己主義だと事あるごとにしゃべり回るものがいた。

この「異論を唱える者」はもともと素性の分からない流れ者だったが、犬そのものを嫌って「犬は魔物である」と説いて回った。長老だけが犬から利益を得ようとしているとも説いた。そして、若者を焚きつけた。アヤは魔女であり、魔物である犬どもを始末しなくてはならない、と説いた。馬鹿者はどこにでもいたが、さすがに「異論を唱える者」に同調することはなかった。しかし、村に「はぐれ者」と「流れ者」が立て続けに現れ、「異論を唱える者」といっしょになったとき、彼らの計画は一挙に現実に向かうことになった。アヤと犬を始末しなければ、災厄が村を襲う恐怖を描かれて、村でも馬鹿者で有名な若者のひとりがついに同調したのだった。「異論を唱える者」は「はぐれ者」「流れ者」と若者の三人を行動に駆りたてた。ある晩、彼らは、アヤの家に忍び寄った。

眠っていたアヤは、セツに起こされた。セツはアヤの耳元で低く声を出して、不審な気配を告げ、「危険が迫っている」と警告した。犬たちはそれぞれ思い思いの場所で寝るのが日常だったが、セツとマーマが起きだしたときには、すべてがアヤのそばに集まって警戒していた。アヤはセツにそっと「ジジ、起こせ」と伝え、祖父も目覚めるなり、天井に掛けていた槍を手にとった。

襲撃者たちは忍び足で暗闇の中を歩いてきたが、犬たちには真昼と同じようにはっきり感じられた。強い攻撃性の臭いと凶悪な意志の腐臭が、暗闇の中に立ちこめ、それは一瞬ごとに近づいていた。襲撃者たちは点火道具を持ってきていた。闇を切り裂くような音がした。火花が散った。アヤは祖父に顔を近づけ、目で合図した。祖父はうなずく。「アキー！」アヤのこの高音は、人の耳には聞こえなかった。犬たちへの「攻撃せよ！」の号令だった。

アヤの叫び声に蹴飛ばされるように、犬たちが襲撃者たちに突進した。ものすごい騒動が起こった。若者の驚愕の声、怒鳴る声、犬たちの吠える声、犬と若者の悲鳴。闇の中での大混乱が始まった。

起きてきた祖母に「たいまつを」と祖父は言い、自分はアヤの前に立って、はしごを登ってくるはずの襲撃者にそなえて身構えた。その傍らにマーマとセツがいた。彼ら二頭は、最後まで守るべき主人のそばについていていた。

たいまつの明かりで照らしだされたのは、二人が二頭の犬と地面に倒れてもつれあい、ひとりの「はぐれ者」は三頭の犬に対峙して槍を構えている姿だった。まわりをさらに見まわしたうえで祖父ははしごを降り、まだ槍を構えている男に向かった。二頭の犬がそれに続き、地上に降りるなり突進した祖父を追いこして、槍を構えた「はぐれ者」に背後から襲いかかった。

その頃には、家々から村人がたいまつを持ち、男たちは槍をもって続々と集まってきた。

「マテー！」

アヤの一声で、犬たちはかみついていたそれぞれの若者から離れ、「はぐれ者」たちは七頭の犬に取り囲まれて、血を流して地面に倒れていた。

集まってきた村人の前で、事件の全容が明かされた。誰もが重く見たのは、「はぐれ者」が火つけ道具を持って襲撃したことだった。梯子に火を点ければ、中の者は死ぬか大けがはまぬかれない。

髭ある長老は若者の時代に祖父と共に冒険に出た一人で、村に戻ってからは多くの事件の仲裁や裁定にかかわって人格者として尊敬されていたが、今回の事件は襲撃者の殺意を指摘した。

「殺人を計画し、襲撃したものは、死をもってあがなうのが掟である」

祖父は村人を見回した。「異議があるものはいないか？」

若者の両親から助命の声があがった。「異論を唱える者」は、その親を代弁するようにしゃがれた声をあげた。祖父の傍らでセツはこの男にむかって毛を逆立たせた。

「異議あり。襲撃と言っても、彼らは実際には何もしていない。一五にもならない子どものやったことだ。夜這いを真似したただの遊びの一種だ。むしろ、犬たちのほうが問題だ。若者たち、いや子どもたちは長老一家にかすり傷ひとつ負わせていないが、犬は子どもたちに大けがをさせている。そもそも、犬などという不吉なものを飼っていることが、村に問題を巻き起こした原因ではないか」

「異論を唱える者」は手にした何かを誇示するように高くかかげた。

セツは低くうなり、「異論を唱える者」にかまえた。襲撃者の強烈な攻撃臭と興奮の臭いとともに間違いようのないほど強く流れていたのが、この男の暗い残虐な悪臭だった。祖父は「異論を唱える者」を鋭く見据えたあと、倒れたままの村の若者を振り返り「お前たちをそそのかしたのは、こいつだな！」と吠えた。村の若者は力なくうなずいた。この瞬間、「異論を唱える者」は二本足の三つの頭を持つコブラの姿に変わった。恐怖の声をあげて村人は後ずさり、逃げ出す者もいた。

祖父はその異形の姿にも恐れず、槍を水平に構えて近づき、セツが流れるように続いた。

「それだけか？」

祖父は答えを待たずに槍を突き出し、魔物の鱗模様の胸を深く刺して軽くひねり、一動作で槍を抜いた。同時に、セツは足首をかみ砕き、犬たちも一斉にとびかかった。巨大な影は祖父の槍に引かれるように倒れ、その瞬間、闇よりも暗い血しぶきがあがった。倒れた時、「異論を唱える者」は頭にコブラの仮面をかぶり、両手にコブラを持っていたが、犬たちはこれをかみ砕いた。

祖父はアヤを振り返り、彼女の目に驚きはあっても動揺はしていないことに満足した。

「犬とジジには、まやかしは利かない」という声が、どこからか聞こえた。


…………


「おい、大丈夫か？　おーい」

気がつくと、倉田が覗きこんでいた。

「あんたぁ、昼寝にしては、ずいぶんうなされちょったが、大丈夫か？」

大丈夫だ。エイヤワディ川の川風は、脂汗を流した額を撫でていく。犬たちの悲鳴が聞こえる。まだ、夢と現の境にいる。

「金の話をしたのが、悪かったね」。いや、そうかもしれない。

長い夢だった。しかし、手には男の胸を刺し貫いた瞬間の手ごたえが残っていた。それはまったく手ごたえのない感覚だったと言ってもよい。この年の初めに、猟をする友人に誘われ、捕獲したイノシシを平刃の槍で刺し殺したが、その瞬間の感覚がよみがえっていた。鋭利な刃物は適切に使うと、ほとんど手ごたえなく相手を殺せる。

夢の中の少女はめぐり来る春ごとに、エイヤワディ河畔の桃の花の下で生まれてくる子犬を抱き上げながら、どの子犬にも「私がお父さんだからね」と言い聞かせているのかもしれない。

夢にあるいくつかの事実の痕跡について

この夢には、ヒトとイヌの結びつきの主要なポイントがある。

イヌはオオカミとちがってヒトに対する親和的な性格を持っているだけでなく、特定のヒトに強く結びつく傾向がある。また、ヒトでは子どもや女性のほうが、大人の男性よりもより強く子犬に愛着を持つ。イヌの可聴域がヒトのそれよりやや高いところまでカバーしているために、子どもや女性の高い声のほうがイヌには聞き取りやすいのかもしれない。ヒトとイヌの双方に生存上有利な関係を創るには、このような親和的な関係を前提とした適切な訓練が必要になる。このために、イヌを子犬の時から群れで育て、累代育てつづけることは、決定的である。

少女が子犬たちのそれぞれに優しい声できりもなく話しかけるのは、ヒトとイヌの関係をこれ以上ないほどに親密なものにかえてしまうだけでなく、ヒトとイヌとが言葉をなかだちにして別の生き物に変身するプロセスである。ここから、相互に決して切り離すことのできない高等動物同士の他に類例のない「共生する人と犬」が始まる。

イヌの出産間隔は短いので、多数を飼育してその中から淘汰することによって、ヒトにとって有用な性能を選び出すことができる。このためには、飼っている複数頭の性格を正確に把握し、その適性を伸ばす能力がヒトの側に要求される。

このような飼育と淘汰の実作業は、ヒトに論理的な考え方の枠組みを与え、その最中に使われる短

写真3　黒曜石の槍先（三内丸山遺跡出土、縄文中期：5000年〜4000年前）
黒曜石は天然のガラスだから、その刃先は手術用のメスなみに鋭い。この槍先は三内丸山の多くの石器の中でも特別に立派なもので、縄文時代の名だたる人物が大切に使ったものだ、と見た瞬間に印象づけられた。槍の穂先は、先端がピンのように尖っている必要はない。ただ刃は皮膚や毛皮を切り裂くことができるほどにごく薄くなくてはならない。刃がなければ突き刺しても元が太くなるにしたがって抵抗が大きくなって致命傷を与えられないが、刃がついていると切り口を広げることができるので、槍先は深く突き刺さる。切り口が広くなるから、槍先で内部をえぐることが容易で、致命傷を与えることができるのである。同じ構造はヤマアラシの長い棘にもあり、尖った先端の両脇に薄い刃がついていて、深く刺さる（うーん、どちらも現代生活の知識ではないなあ）。

く、断定的な言葉から、それまでのおしゃべりや叫びの半意識的な言葉をこえた論理的な言葉もつむぎだされる。そして、言葉は心を創る。また、ヒトの巨大脳は常に幻想に圧倒される弱点をもつが、イヌには主人との関係とその命令が絶対で幻想にまどわされることはないので、イヌと共に進むことでヒトは恐怖と幻想を克服することができる。

コンラート・ローレンツは、移動する狩猟採集民の大人の男性のリーダーが追随してきたジャッカルに餌を与えることで家畜化が始まったと想定し、最近提案されている人の群れに追随するオオカミ仮説でも定住を軽く見る傾向があるが、定住なしにはイヌを訓練することはできない。そして、訓練なしには、イヌをヒトの都合にあわせて活動させることもできない。また、移動する狩猟採集民では、携行している食糧だけでは、イヌたちに分け与えることもむつかしいだろう。すでにエイヤワディ河畔に定住しているヒトの集団を想定したのは、そのためである。

2　オオカミ南下集団とシンギング・エイプ（歌う類人猿ヒト）

小型化した南下集団

オオカミから分岐しはじめたイヌは、チベット高原を越えて南方に進出してやや小型化し、すでにこの地の森林地帯にすみついていたドールと同じほどの大きさ（平均体重一七kg程度）になっていただろう。

犬は多産（一産三〜一二子）であり、その性成熟は八ヵ月から一五ヵ月とオオカミ（一産最多六子）の性成熟（二年）よりも早熟である。この多産早熟の亜種は、捕食者のいない優越種ではなく、餌動物としての生存戦略を明らかに示している。つまり、どんなに喰われても、生き残るものがいる繁殖戦略である。私たちは、このような生き残り方をいろいろな動物たちで見ることができるが、なかでもネズミ類とマダガスカルのネズミキツネザル類は、その典型である。

また、犬は偽妊娠でも母乳がでるので、母犬から捨てられた子犬をこのような偽妊娠の代理母が養うこともできる。これらの特性は、イヌとして独自のニッチを確立していく過程の小型オオカミの群れが、オオカミを含む他の大型食肉獣から捕食されても、存続していくことに役だっただろう。

一五万年前から五万年前

犬の起源について、考古学的資料から遺伝学的研究まで広くレビューした生態学・進化生物学研究者アダム・フリードマン（ハーバード大学）とロバート・ウェイン（カリフォルニア大学）は、オオカミの個体数は一万五〇〇〇年前にそれまでの四万五〇〇〇頭から一〇〇〇〇頭ないし二万五〇〇〇頭にまで激減した時代を経て、その一部が一万二〇〇〇年前までには犬となったとする。（Freedman and Wayne, 2017）

イヌのオオカミからの亜種形成は一五万年前に始まったが、その期間の半分は東南アジアへ進出してきたヒトのグループと接近していた時代である。氷期の北半球には、今では海底になった多くの陸地があった。スンダランド、東シナ海陸地、そしてベーリンジアである。ヒトはオオカミ南下集団とは逆に、東南アジアのスンダランドから中央アジアへ、東シナ海陸地からシベリアと日本列島へ、さらにベーリンジアからアメリカ大陸へ、また他の集団はインドネシアの多島海からオーストラリア大陸への道を歩んでいた。

オオカミの南下集団とホモ・サピエンスの南アジアからの北上集団が出会ったのは、寒冷期のために現在の日本列島周辺の気候とよく似たインドシナ半島からスンダランドまで広がる広大な東南アジアだった。

ヒトは、先行する人類種である王獣ホモ・エレクトゥス類や格闘者ネアンデルタールの生態的地位の辺縁、川辺と湖沼周辺、海岸域を魚介類を求めてさまよう裸の直立二足歩行類人猿だった。ただ、

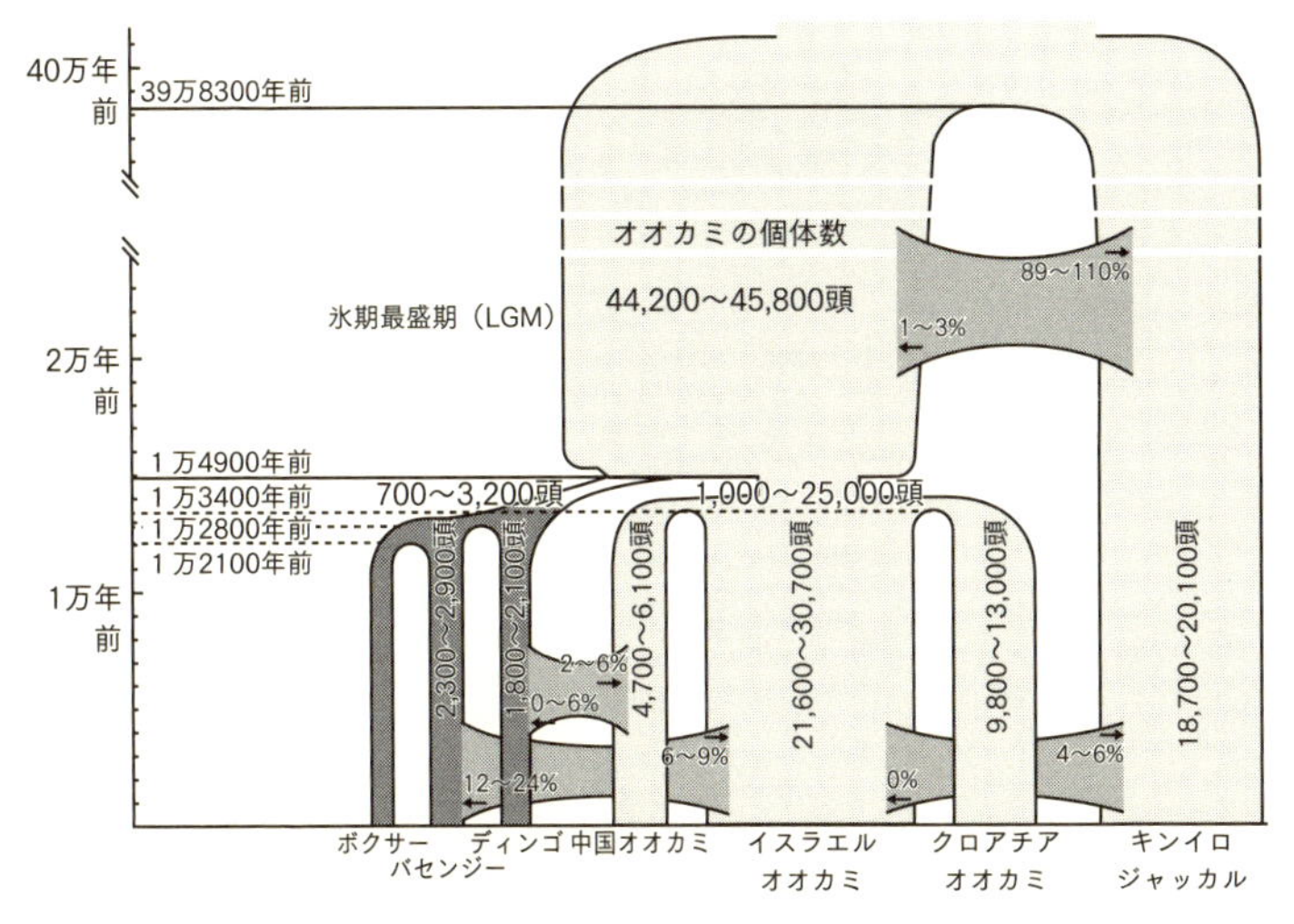

図15　1万5000年前のオオカミ個体数の激減とイヌの起源（Freedman & Wayne, 2017より作図）
中央にオオカミの三系統、右にキンイロジャッカル、左にイヌの三系統を並べて、それぞれの間の遺伝子交流の割合（%）を示している。アフリカのバセンジー犬は、イスラエルのオオカミとの間に最大24%もの遺伝子交流がある。縦軸は年代で、40万年前から2万年前までを省略している。横軸の幅は個体数を示し、オオカミは40万年前から2万年前までは約4万5000頭だったが、1万5000年前頃（最終氷期の最寒冷期）に減少する。この時、イヌが分岐し、その数は700頭から3200頭と推定されている。

ヒトは他の直立二足歩行する王獣たちやゴリラ・チンパンジーという大型類人猿たちとまったく異なるひとつの性格を持っていた。ひっきりなしのおしゃべりである（注1）。

このひっきりなしのおしゃべりは、ヒトでは女子学生たちのおしゃべりやおばさんグループの井戸端会議で耳にすることができる。それはほとんど無益の会話というもので、ただ声を出したいがためのおしゃべりで、スズメたちの「いつまで続く？」と思わせる鳴きかわしとよく似ている。

　これは、他の大型類人猿にはないヒトだけの特徴だった。小型類人猿はテリトリーソングを歌い、そのなかでもフクロテナガザルは数㎞先までとどくような大きな声を出す。しかし、これらも日常的におしゃべりをするものではない。

　だが、大きなグループを作って生活するタイプの鳥たちに鳴鳥と呼ばれる常におしゃべりをする一群があるように、小型のサルたちにも常に鳴きかわしているものがある。ヒトは、ひたすらしゃべりかわすタイプの直立二足歩行大型類人猿である。

　冬の南斜面に休むニホンザルの群れは、お互いの間のコミュニケーションに「クー」「フー」と聞こえる穏やかな声（平静音）で「鳴きかわし」をする。それぞれの個体で微妙にちがうその声を聞いて「ああ、子どもはあそこだな」とか「お母さんはすぐ近くにいる」とかを判断しているのだろう。ニホンザルの鳴きかわしに近いヒトの母子のコミュニケーションは、赤ん坊の誕生からごく初期のうちに聞くことができる。生後一歳未満の赤ん坊が「あっあっ」と声を出すと、母親がほとんど無意識に「ああ」と答えるが、それはニホンザルの休息のときの「鳴きかわし」にごく近い。

　この穏やかな呼び交わしの中で、子ザルの「キィーキィー」と聞こえる甲高い続けざまの泣き声が混じることがある。返答のなくなった母親を探す子どもの声で、実に執拗に続くことがある。これは、心理学者ジュリアン・ジェインズ（一九二〇―一九九七。〈注2〉）がその著書『神々の沈黙』の中で「作為的呼び声」と名づけたものと非常に近いもので、「相手が振り返るまで呼びかけ続ける」呼び声である。これは、ヒトの歴史上では四万年前の時代の主要なコミュニケーション手段だった、とジェインズは言う。

ヒトはこのニホンザル以上によく声を出すシンギング・エイプであり、鳴鳥たちのようにふんだんなおしゃべりである。言葉を発せない赤ん坊に対する集中豪雨のような呼びかけや歌、そして語りかせは、乳児期から始まっている。

四万年〜五万年前のシンギング・エイプ

このふんだんな歌うような言葉のシャワーの時代を人類史の四万年前の時代と特定したのは、ジュリアン・ジェインズの天才というもので、残念ながら証拠はないが、それを傍証する考古学的遺物を彼は指摘している。

> もっとも強く主張したいのは、言語の新しい発達段階の一つひとつが、新たな知覚作用と注意力を文字どおり生み出し、その新たな知覚作用と注意力が、考古学的遺物に反映されるような重要な文化的変化につながったということだ。（ジェインズ、2005、163頁）（傍点は原著者）

ジュリアン・ジェインズが提出する言語の「新しい発達段階」の考古学的証拠は、ラスコーの洞窟絵画を典型とする壁画群である。このような壁画が四万八〇〇〇年前に現れ、一万年前に全世界で衰退するのは、意味があると思われる。

相手が答えるまで続ける「作為的呼びかけ」の最後の音が強弱で変化することで、遠近を区別する修飾語が創られたと、ジェインズは考えている。「ワヒー」は「トラが近い」、「ワフー」は「トラが遠い」のように。この時期が四万年前まで続くが、それはヒトの石器技術としては、剝片石器や尖頭器の技術の時代に対応するという。

ここまでの準備期間をへて、ヒトの言葉は命令の時代に入る。


修飾された呼び声から分離した修飾語が、今度は人間の行動そのものを修飾できるようになる。(同書、163頁)

「人間の行動そのものを修飾」とは聞き慣れない言葉で、ジェインズの文章には飛躍があるので、言葉を補いながら読みこむ必要がある。「行動の修飾」という意味は、遠近などの形容詞が、命令として使われると、「遠い！」は「遠くへ(行け)！」となるということだろう。この言葉の変化を石器の変化でたどることができる。

石の大小を区別する語尾の強調を「イシー」と「イフー」としたとしよう。「イシー」が修飾語となって「大きな」あるいは「鋭い」を意味するようになり、それを命令として使うと「イシー！」は「より鋭く(刃をつけよ)！」となる。

『より鋭く』を意味する修飾語が命令として使われだすと、燧石（ひうちいし）や骨から作られる道具が著しく進歩したことだろう。（同書、164頁）

ジェインズはこの時期を四万年前から二万五〇〇〇年前におき、そこで「新種の道具が爆発的に増えた」とする。この時代にヒトの遺跡の数は、すべての大陸でたしかに爆発的にふえている。語尾の強調による修飾語とそこから生まれる命令語が、「指示対象」を示すことで名詞が生まれる。こうして生まれた名詞のトラとクマを区別して、その接近を知らせる叫びを、ジェインズは「文」と呼ぶ。

彼の分析力に天才を感じるのは、以下のような年代への直感力である。

そのような文は、紀元前二万五〇〇〇年前から紀元前一万五〇〇〇年前のいずれかの時点で現れたのかもしれない。（同書、164頁）

この時点で、ヒトは名詞を持ち、それと修飾語と命令語をつなぐことを始めたというのである。それだけなら、言葉の成り立ちについての一仮説にすぎない。だが、ジェインズはそれを考古学的な遺物で示す。

動物を表す名詞の出現した時代は、洞窟の壁や骨角器に動物の絵が描き始められた時代と一致している。（同書、164頁）

このジェインズの感覚は、読む者の心を震えあがらせるような力を持っている。私たちはこの説明によって、はじめてラスコーやアルタミラの洞窟絵画の秘密を垣間見ることができる。それだけではない。彼は洞窟絵画に動物たちの絵が描かれたこと以上に、槍の穂先の発明を重視している。

生き物を表す名詞が動物を描き始めるきっかけとなったように、事物を表す名詞は新しい事物を生じさせる。この時期には、陶器やペンダント、装飾品、逆棘（かえり）のついた銛や槍の穂先などが発明されたのではないか。とくに最後の二つは人類がより過酷な気候帯へと移動していく上で、重要な役目を果たしたはずだ。（同書、164頁）

縄文時代の槍の穂先に圧倒されるような印象を持った意味を、ジェインズは再び教えてくれる。「過酷な気候帯への移動」とは、氷期の極大期が迫る中で、その気候に対抗するだけでなく、さらに過酷な地域へも生存域を拡大していくヒトのあくなき欲求が、新しい道具群の発明によって保証されるという事実である。

日本列島で、この文化群に対応するのは精緻と複雑の美をきわめた縄文土器である。しかし、日本列島で縄文土器が始まるのは、世界で壁画が衰退する時期であり、その後ほとんど一万年間栄えたのちに弥生時代の到来とともに衰微する。日本列島の文化伝統は、世界的な流れからは約一万年遅れ、その後発展するが、常に孤立、あるいは独立していることを特徴としている。

四万年前まで続いた「作為的呼び声」以降、人間の言葉がこのように展開してきたことを、ジェインズは「最後の氷河時代の気候変化」がそれをもたらしたとしている（同書、162頁）。しかし、気候そのものが言語生活に直接むすびつくとは考えられない。

ジェインズの天才的というより予言者的な推論への尊敬はともあれ、ここからは新しい道を手探りしなくてはならない。この時代に、ヒトが呼び、命令しつづけなくてはならなかった相手とは、いったい誰だろう？　その呼びかけはヒトを生物史上最大の文化的な隆盛にまで導いたのだが、それほどの相手とは？

3　極東のホモ・サピエンス――四万年前から二万年前

ホモ・サピエンスの日本へのルート

東アジアのスンダランドを出て海岸を北上する最初のホモ・サピエンスの波は、四万年〜三万年前には陸地化した東シナ海まで広がっていた。その一部は朝鮮半島を経てシベリアに至り、陸橋となっていた間宮海峡を通って樺太から北海道へ、そして狭い水道でしかなかった津軽海峡を渡って本州、四国、九州がつながっている日本列島本体（古本州島）へたどりついた。

日本列島周辺でも、二万年前からの氷期の最大寒冷期には、現在のアラスカのような極北の地とほとんど同じ気候だっただろう。そして、その頃、アジア大陸東部を北上するホモ・サピエンスたちに決定的に新しい文化、すなわち土器の製作が始まっている。

青森で発掘された日本初の土器の年代は一万六〇〇〇年前であり、一万三〇〇〇年前に北方から日本列島に入ってきた荒屋系文化（注3）を担う民族は、時に土器を伴う細石刃技術によって北海道から九州まで広がり、それまでの旧石器文化を一掃した。この細石刃技術は骨や木の槍先にいくつもの小さな石刃を埋めこんで使う新しいタイプの武器を特徴としていた。この民族は日本人の祖先としての有資格者である。

中部山岳地帯が氷河に覆われている寒冷気候の日本列島を南下する荒屋系文化民の生活は、現在の北極地域のイヌイットやその近縁の海洋民アリュート族が参考になる。

遺伝的に日本人にもっとも近縁の民族は、南米のグアラニ族とシベリアのイヌイットであり、日本人とこれら二民族との共通祖先は最終氷期には日本列島とその周辺で生活していたはずである。当時の日本列島住民は、イヌイットのように陸上でのカリブーなどの狩猟、海に出てのアザラシやイルカなどの海獣猟や漁労、海岸での甲殻類・貝類・海草類の採集、そして陸上でのシイ・カシ類やクリ、ユリ根などの食用植物を収集する生活だった。その姿を、私たちはアイヌ民族に見ることができる。

アリュート族

アリューシャン列島の先住民アリュート族は、一万年前にはイヌイットとひとつの集団であった可能性が高いので、氷期の日本人の祖先の生活や性格を知るうえで興味深い参考材料となる。

アリューシャン列島のウムナク島（フォックス群島）で、アメリカの考古学・人類学者ウィリアム・Ｓ・ラフリンがアリュート族を調査した記録がある。ラフリンはオレゴン大学、ウィスコンシン大学、コネチカット大学で教鞭をとっていたが、一九三八年にアリュート族と初めて出会い、それ以来第二次世界大戦をはさんで長期間にわたって人類学、考古学的研究や発掘調査を行った。

彼によれば、アリュート族の最大の特徴は長命である。アリュート族では、一八二〇年代で最高齢は一〇〇歳をこえ、人口の二〇％が六〇歳以上で、当時、カナダ・イヌイット（原文エスキモー）では最高齢でも六〇歳だったことと対照的だった（ラフリン、1986、25頁）。もっともこの長命さは、引き続くロシア、アメリカの支配下で低くなった。

アリュート族は、安定した生産性の高い海洋資源を高度に利用する発達した物質生活と豊かな精神文化をもち、さらにそれを長期に文化継承する能力があると、ラフリンは高く評価している。彼らは革で張ったボート、カヤックでの海獣猟の専門家だったが、その猟は、世界でもっとも技量と体力を必要とするもので、この生死をかけた猟で生きのびるために、アリュート族では子どものころから訓練を行っている。それはまるで日本の忍者の鍛錬法を思わせるものがある。その一例は、指先だけで

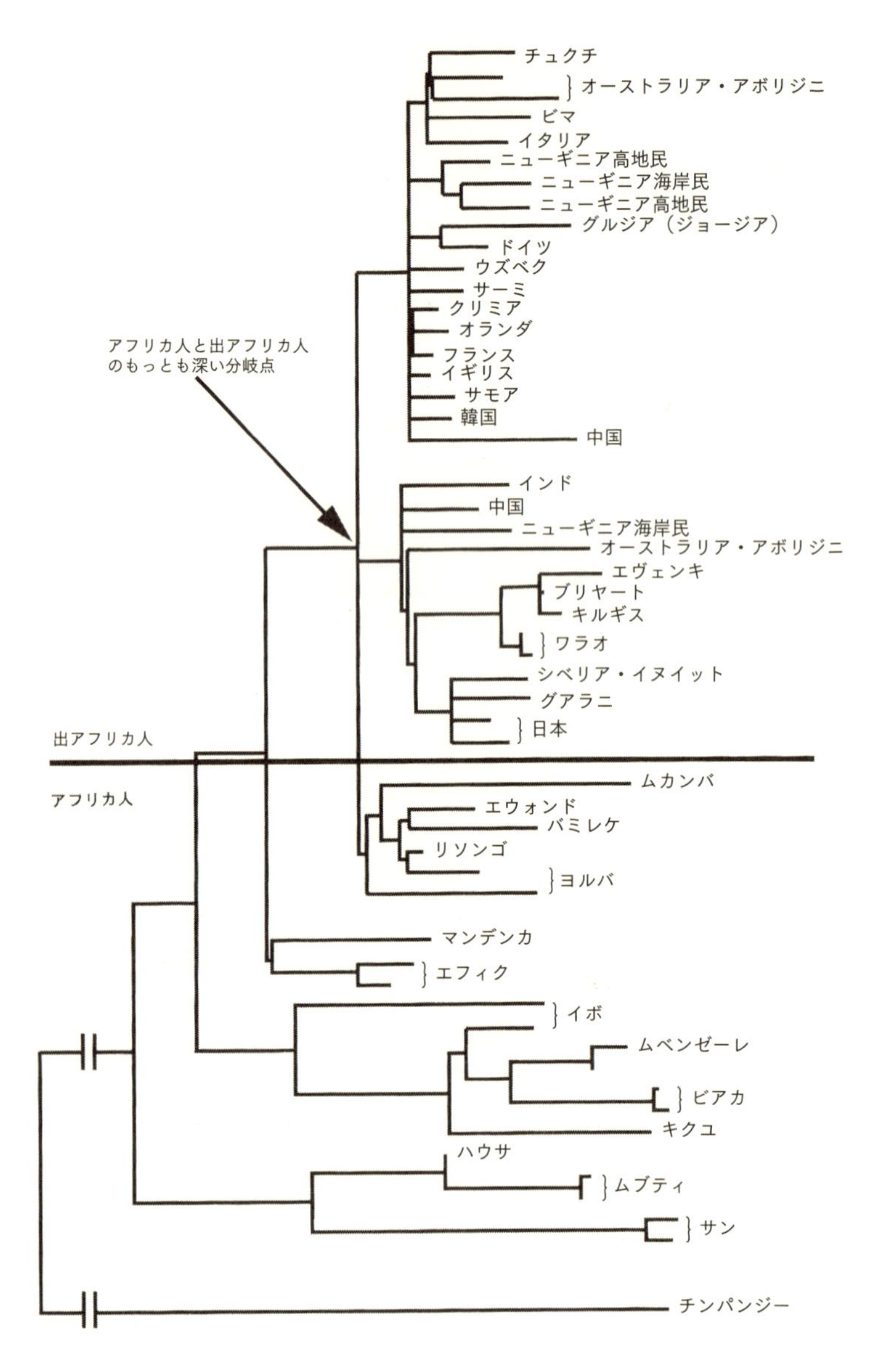
チュクチ
オーストラリア・アボリジニ
ピマ
イタリア
ニューギニア高地民
ニューギニア海岸民
ニューギニア高地民
グルジア（ジョージア）
ドイツ
ウズベク
サーミ
クリミア
オランダ
フランス
イギリス
サモア
韓国
中国
アフリカ人と出アフリカ人
のもっとも深い分岐点
インド
中国
ニューギニア海岸民
オーストラリア・アボリジニ
エヴェンキ
ブリヤート
キルギス
ワラオ
シベリア・イヌイット
グアラニ
日本
出アフリカ人
アフリカ人
ムカンバ
エウォンド
バミレケ
リソンゴ
ヨルバ
マンデンカ
エフィク
イボ
ムベンゼーレ
ビアカ
キクユ
ハウサ
ムブティ
サン
チンパンジー

図16　ホモ・サピエンスの諸民族の系統―日本人の近縁者（Ingman et al., 2000より）
現代人は、アフリカの4系統（うち1系統はいちどユーラシアに出てもどったグループ）と非アフリカ地域の2系統に分けられる。日本人の含まれるグループは、温帯と熱帯のアジア人のほか、極北のアジア人と南米アジア人を含み、ヨーロッパ人を含んでいない。日本人の最近縁者は、南米のグアラニ族、シベリアのイヌイットであり、近縁者は南米のワラオ族、中央アジアのキルギス族、バイカル湖周辺のブリヤート族、そしてシベリア先住民のエヴェンキ族である。
この図は、古くから呼称されてきた「黒人、白人、黄色人種」の三分類の追認ではなく、アフリカ人と出アフリカ人に2大分類されること、および出アフリカ人は（1）アフリカに復帰したヨルバ人などと（2）日本人など、そして（3）ヨーロッパ人などに3分類されることを示している。

梁（はり）にぶら下がる訓練である（同書、57頁）。これは指先の力を強くするとともに、落ちたときにも怪我をしない受け身の技術を早くから学ばせるためだった。

このほか、「力士」の称号を得るために特別な訓練法があった。それは、特に体力があるとして選ばれた子どもたちに重い石を抱えて坂を走って登らせるというものだった。しかも、そこには科学的な管理システムがあった（同書、59頁）。

アリュート族の子どもたちに課せられたのは、むろん、このような体力訓練だけではなかった。周辺の野生生物についての詳細な観察と知識の蓄積が求められた。（同書、63頁）このように訓練された子どもたちは「きれいな肌をして」「体力をたくわえながらも、敏捷な動きをして……印象的である」（同書、109頁）と評されている。まことに、狩猟漁労採集民なら理想の子どもとして持ちたいような子どもたちだった。これらの子どもたちは丁寧に育てられていたことが、アリュート族の乳児死亡率の低さでも裏づけられている。

日本列島に山岳氷河があった時代には、ちょうどこのような社会が私たちの父祖によって作られていたはずである。新生児の栄養に気を配り、子どもの訓練に熱心で、長命で友好関係を大切にする文化程度の高い、極めて活発な社会である。当時の日本列島の人びとの社会では陸上での狩猟も大きな割合を占めていたので、ちょうどイヌイット族と同じように、犬との協同作業が大きな役割をもっていただろう。

ラフリンの記載は、すでに二〇世紀に入ってからの観察なので、アリュート族ではシャーマンがどのように活動していたかの記録はない。しかし、氷期の日本列島の住民の社会にシャーマンがいたことは疑いもない。文字のない社会では、歴史的に重要な記憶や生存に必要な知識を個人の記憶に蓄え、それを社会的に保存する役割は、絶対的に必要だったからである。そのような特殊才能者への尊崇こそ、原始社会でシャーマンを維持した理由だった。

七万年前から一万二〇〇〇年前まで続く最終氷期には、まわりにはオオカミがいたのだから、モウワットが描いたイヌイット族のオーテクのようにオオカミにつながるシャーマンの家系もいただろう。彼らはオオカミの言葉を理解することができただろう。われらの父祖はさらに進んで、オオカミたちが持っている情報を彼らに直接語りかけ、彼らの音声から聞き取ろうとしたはずである。それは、動物行動学というよりも生死をかけた知的訓練だった。「周辺の野生生物についての詳細な観察と知識の蓄積が求められた」ことは、当然である。カリブーの大群はいつ来るのか、シカの群れは今どこに向かっているのか、トラはどこで待っているのか、それらを知ることは、ことに氷期の酷寒の冬には、人びとの生死がかかっていた。

4　イヌの生態的地位——主食と消化能力

よく似たヒトとイヌの生態的地位

イヌはオオカミとほぼ一〇万年前に分岐するが、この年代は三〇万年前に始まるホモ・サピエンスの出現年代よりもずっと新しい。一〇万年前は、ホモ・サピエンスがアフリカを出る前後であり、生物学の時間単位から言えば、ほとんど現代というほどの近い過去である。

では、これほど新しくオオカミから分岐したイヌの生態的地位、つまり生態系の中での職業ともいうべき、主食を得る手立てはどこにあるのだろう？

大型で強力な協同行動をするオオカミに対しては、同じ生態的地位ではイヌは太刀打ちできない。

アメリカ人ナチュラリストのJ・C・マクローリンは、イヌの知能や精神構造がヒトに似ていたから、ヒトの生活に同化できたとし、イヌ科の動物で最高の水準に達した知能と学習能力と協調性に進化したイヌのレベルが狩猟の場で人と同盟を結べるような段階まで達していたのだ、と説明している（マクローリン、２０１７、17-49頁）。しかし、ほんとうにそれぞれが霊長類とイヌ科動物での最高の知能や学習能力に達していたのなら、同盟を結ぶ必要がどこにあっただろうか？

同盟はより強い敵に対抗して弱者同士が、あるいは弱者と準強者が結ぶものだ。アフリカから出て数万年の人類と、オオカミの南下集団としておなじく数万年程度の歴史しかないイヌたちは、自分のニッチはまだ決定的ではなかったのではないか？　そのニッチを見出す途上にあったもの同士が、ちょうどお互いの弱点を補完することのできる相手を見つけることができたので、同盟が成立したのではないか？

ヒトとイヌ、ふたつの種の弱みと強みは、よく似ていた。祖先種と比較すれば小柄で、強力さには欠けていたが、雑食によって多様な環境に適応できた。また、時に大型の捕食者から餌動物とされていたが、常に発情して季節を定めない繁殖能力はイヌとヒトに共通する特性だった（もっとも、これはお互いに家畜化しあった結果の、現在の犬と人間の特性であるかもしれないが）。

イヌは捕食者としての地位では、ドールらとの競合があり、まだ独自のニッチが確立していなかった。ヒトは川辺でのニッチを確保してはいたが、先行する人類と大型捕食者（オオカミやトラやヒョウなど）、そして競合するヒト集団という三重の包囲網の中にあった。このヒト集団同士の競合こそは、ヒトが現在に至るまで引きずるヒト独自の問題だった。彼らはニッチを破壊する動物だったので、隣接するヒト集団とは常に相容れない関係ができていた。

安定したニッチを維持することで生存するオオカミのような大型捕食者では、縄張りの防衛はあっても、縄張りが守られている限り、他の縄張りまで侵入する理由はなかった。しかし、ヒト集団は、そうではなかった。自己の縄張り内でのニッチを過剰殺戮、過剰採集によって破壊するので、いつも隣接する他のグループの縄張りに侵入せざるを得なかった。それはお互いにそうだった。

こうして、ヒト集団にとっては、他集団からの防衛システム構築、あるいは先制攻撃能力の開発こそ最優先の課題であり続けた、今なお。

五万年近くの年月をかけて、東アジア（本書では、「東アジア」をユーラシア大陸東部と同じ意味で、地理的な場所の呼称としている。〈注4〉）の土地でイヌとヒトは、お互いの様子を探り続けていた。お互いに弱みをもっていたからである。

ヒトの大人は近づいてくるイヌに肯定的な反応はしなかっただろう。彼らがそれまで出会ったオオカミやドールやジャッカルなどのイヌ科動物は、彼らの狩りの競合相手であり、時に極めて危険な相手だったからである。

しかし、ヒトの子どもはイヌの目を見ただろう（人は犬と視線を合わせるだけでオキシトシンを分泌することが知られている。〈注5〉）。ことに相手が、子犬の時はなおさらだろう。出会った瞬間にお互いは理解しあっただろう。子どもと子犬の運命的な出会いは、氷期の寒さが増してくる東アジアの桃の花の下だったのかもしれない。その時以降、ヒトは人となり、イヌは犬となった。

しかしなぜ、イヌはヒトに近づいたのか？　また、それはどのようにしてか？

犬の主食開発

第二次世界大戦後に、檀一雄は『夕日と拳銃』という満州生活を描いた小説を出した。主人公たちは満州馬賊に加わり、中国軍との戦闘に敗れて、モンゴルの荒野をさまよう。その筋はともあれ、主人公の一人が用便に出ると、集落中の犬たちがついてきて騒動をおこすので、出るものも出ないという状態に陥る。それがつらくて、石を投げつけて犬を追いはらうと、今度は用便中にオオカミに襲われかかった（とあるが、ほんとうに襲われたなら生きていられないので、「まわりをうろついた」程度だろう）のだった。そこで、彼は一頭の飼い犬（ガル）を連れて出て、オオカミ防衛と犬の餌（糞食）の両方を解決した。

するど急速に、ガルと大仲良しになる。（檀、一九五八上巻、３４０頁）

まったく同じ話が、身近にあった。一九六六年九月、アンデス山中のペルーのパクチャ村で、人類学教室の先輩原子令三さんがある犬に出会った。宿にした村の家から裏の畑跡に用便にいくと、村中の犬やブタが集まってきたという。これを追い払う犬が「ハチ」だった（原子、１９９８）。原子さんはその村を離れるときに、ついてきたハチを日本まで連れ帰るつもりになり、「星の降る夜を語りあかす」仲になる。しかし、暴風雨の峠で別れ別れになり、ついにハチは戻らなかった。しかし、「ハチのことは忘れたことがない」と原子さんは未発表の日誌に書き残していた。

『餓鬼草紙』では埋葬された人の死体を掘り出して犬が喰い、カラスがついばむ。地獄の図柄であるが、埋葬地の現実でもある。犬は糞食と死体食によって、嫌悪されるものでもあった。古代の人びとは犬の生態をよく知っていたが、それは日常生活のすみずみに自由にうろつく犬がいたからである。

大方はこのごろの説教をば、犬の糞説教というぞ。犬は人の糞を食いて、糞をまるなり。仲胤の説法をとって、このごろの説教師はすれば、犬の糞説教とはいうなり。（「仲胤僧都地主権現説法の事」、『宇治拾遺物語』）

その時代に描かれていた『餓鬼草紙』の絵は、墓場で死体を漁る犬の姿が克明に描かれて、おぞけを震わせるが、死体も糞も同じように犬の食い物だったのである。

朝鮮半島でもモンゴルでも、人糞を犬に食べさせて飼育する風習があり、モンゴルでは、ゲルの人員の糞を与えて犬を番犬として育てていた。犬の人糞食は、ニューギニアからアラスカまで多くの記録がある。また、食べ残しや糞などを狙って人家周辺をうろつくオオカミをキャンプ・フォロワーとよぶ。（浜、２００４、Franklin, 2009, 169-170p）

イヌはオオカミから分かれる独自の道を探している時、ヒトの集団がある程度大きくなって、その永続性が保証されるまで待たなくてはならなかっただろう。しかし、イヌが加わることで、ヒトの側の生活の永続性が保証される。ヒトとイヌの間に、人間の食べ残しや排泄物が仲介となるニッチが生まれた。

オオカミの中には平然と人に近づいてくる個体もいる。それと同じ個性をもつオオカミ亜種イヌもいただろう。ヒトの側で食糧としてでもこのオオカミ亜種を飼っていたなら、オオカミ亜種のヒト集落への接近は各段に多くなっただろう。

そして、イヌの側にも決定的な変化が起こる。デンプン質食物の消化能力である。

消化能力――オオカミとの訣別

イヌのゲノムからオオカミにはないデンプン質の消化能力が発見された（Axelsson et al., 2013）。デンプンを消化する酵素（アミラーゼ、マルターゼなど）では、アミラーゼの活性は、犬ではオオカミの二八倍であり、マルターゼの遺伝子配列は草食動物のものに近い。オオカミの腸の長さが体長の四～四・五倍に対して、犬では五～七倍であり、植物質のものも吸収できる構造をもつ五～二〇㎝の盲腸がある。

これらの犬の消化能力は、初期のオオカミ亜種のイヌとヒトとの関係が決定的な段階を通り抜けたことを示している。その時期を最終氷期の四万年前から二万年前と想定しても、それほど間違いではないだろう。ヒトとイヌの出会いが起こった東アジアでは、たとえ氷期でもサトウヤシ、サトウキビ、バナナ、サトイモ、タロイモなども多くの果実とともに収穫できる地域があったから、イヌに食べさせるデンプン質にもこと欠かなかっただろう。ヒトが定住して食べるようになったデンプン質の食物を共有できることこそ、イヌがヒト社会の一員となる決定的要件だった。

この消化能力の発達によって、イヌはオオカミとは最終的に訣別し、人間の拡散と増殖につれて全世界的繁栄に向かう道にのりだすことになった。

いっぽうでヒトは東南アジアに至りついて初めて、豊富な食生活を味わうことになった。そこで出会ったオオカミ亜種イヌにやる余分の食物もでき、イヌがいることで初めて、他集団や大型捕食動物たちや毒蛇などの脅威から逃れることができるようになった。この多様な食物の豊富なカロリーと栄養素による食生活のゆとりと同伴者イヌによる脅威からの自由を得て、ヒトは精神活動にも初めて余裕を持っただろう。

余裕のできた精神活動の最大の領域は、はだかのシンギング・エイプにとっては幻想（夢）となっただろう。時は極大期に向かう氷期であり、ときに起こる深刻な食料の欠乏はことさらに夢をあおり、その夢を事実以上に確実なものに仕立て上げていった。

5　犬の起源

イヌ科動物とヒト属人類との関係

イヌが家畜化されるよりもはるかに昔から、イヌ科動物とヒト属人類との関係があった。たとえば、オオカミの骨は更新世の中期以降に前期旧石器時代の人類の遺跡、イギリスのボックスグローブ遺跡（約四〇万年前）、中国の周口店遺跡（約三〇万年前）や中期旧石器時代フランスのラザレ洞窟（約一五万年前）から発掘されている。それらは人類とイヌ類との接触が実に長い歴史をもっていることを示している。（Clutton-Brock, 1995）

全世界二七地点のオオカミと六七系統の犬のミトコンドリアＤＮＡを比較した研究では、イヌの塩基配列に見られる変異が生じるために必要な時間を一三万五〇〇〇年と計算し、犬とオオカミの分岐した年代は一〇万年以上前であるとされる。(Vilà et al., 1997)

家畜化された犬の骨かどうか分からないが、犬ではないかと推定されているもののうちもっとも古いのは、シリアのドゥアラ洞窟にあるムスティエ文化住居遺跡(約三万五〇〇〇年前?)から発掘された下顎骨、ロシアのバイカル湖西のマリタ遺跡やアフォントヴァ山遺跡(約二万年前、ムスティエ文化)のイヌ科動物の骨などである。このうちドゥアラ洞窟のネアンデルタール人遺跡で出たイヌ科の骨は、オオカミの下顎骨に比べて小さく、これを世界最古のイエイヌとする説もある。また、アラスカでは、ユーコン地方で二万年以上前の、オールドクロウ川沿岸でも一万八〇〇〇年~一万二〇〇〇年前のイヌ科の骨が発掘されている。

そして、イヌがどこで家畜化されたかについては、延々たる議論が続いている。

ヨーロッパ起源説――三万年以上前

イヌが家畜化されたのがヨーロッパ起源かどうかは、いつも議論のまとになっている。四万年~三万六〇〇〇年前(三万一〇〇〇年前とも)のベルギーのゴイエ(Goyet)遺跡のものが、ヨーロッパでもっとも古いイヌとされる(Germonpré et al., 2009)。南シベリア、アルタイ山脈のラズボイニカ洞窟で一九七〇年代に発見されたイヌ科の骨も、最近になって三万三〇〇〇年前と測定されている(Ovodov et al., 2011, Druzhkova et al., 2012)。もっとも、ロシア科学アカデミーの考古学者ニコライ・

オボドフらは、これを「イヌのようだ」と控えめに語り、ベルギー王立自然科学研究所の考古学者ミエジャ・ゲルモンプレ（Mietje Germonpré）らのヨーロッパ起源説と一線を画している。

ゲルモンプレらは二〇〇九年と二〇一二年に続けて論文を発表し、その中でベルギーやフランス（ショーヴェ洞窟、三万四〇〇〇年前）などの発掘物を家畜化された犬として評価し、約三万六〇〇〇年前にイヌがヨーロッパで家畜化されたとヨーロッパ起源説を提唱するようになった。これに対して、カナダの動物学者スーザン・クロックフォードとロシアの地質学者ヤロスラフ・クズミンは、彼らの顔が短いからイヌだとする見解には根拠がなく、「アルタイのイヌと呼ばれるものも単に短い顔のオオカミだ」と批判している。（Crockford & Kuzmin, 2012）

この批判へのゲルモンプレらの反論（Germonpré et al., 2013）では、歯の形状を現代のイヌ、旧石器時代のイヌ、最近のオオカミ、更新世のオオカミと四つのグループに分けて示している。しかし、見方によっては、これほどはっきりグループ分けにできるということが、現代のイヌとヨーロッパの旧石器時代のイヌ類との差を示していることになるだろう。

ゲルモンプレらも「自分たちはヨーロッパの旧石器時代のイヌ類が〝エンド・プロダクツ（最終生成物）〟と主張しているのではない。ただ、後の先史時代の人間によるイヌの繁殖を含めた人とイヌとの緊密な関係を示すと言っているのである」（同書、791頁）と学者らしく締めくくっているが、これらヨーロッパでの二万年前以前のイヌ科動物は、現在の犬にまでつながらない。

従来、ヨーロッパのイヌとされてきたものは、ドイツのオーベーカッセル遺跡（一万四〇〇〇年前）、ロシアのブリヤンスク地方の旧石器時代遺跡（一万七〇〇〇年～一万三〇〇〇年前：Wang & Tedford, 2008）、イギリスのヨークシャー州の中石器時代遺跡（九五〇〇年前）などがある。

ヨーロッパは人類史からみれば辺境にすぎない。イヌの起源を中央ヨーロッパに求めるのは、そもそも無理がある。スカンジナビア半島の古いイヌの遺伝的研究を行ったスウェーデンのウプサラ大学の進化生物学者、ヘレナ・マルムストロームらのグループは、ヨーロッパのイヌと共通するハプログループ（数万年遡ると先祖を共有する集団）を見つけることはできなかったとして、この古代形質はアジアに起源するのだろうと推定している。（Malmström et al., 2008）

中近東起源説――二万五〇〇〇年前

テルアビブ大学（イスラエル）の動物学者タマール・ダヤンは、中近東で発掘されたイヌ科動物の骨の出土した遺跡を総覧して、もっとも古いものは四万五〇〇〇年前のタブンB（ムスティエ文化＝ネアンデルタール人）であり、三万年から二万五〇〇〇年前のケバラE（オーリニャック文化＝ホモ・サピエンス）が、これに次ぐ。このイヌ科の骨は現在のイスラエルのオオカミのサイズと変わらないが、すでに家畜化されていたかもしれないとして、犬の起源をダヤンは中近東におく（Dayan, 1994, 639p）。なぜなら、イスラエルには有名なイヌの遺跡があるからである。

アインマラハの犬

中近東の小型のイヌ科動物の骨のなかで、もっとも有名なものは、一万二〇〇〇年前のイスラエルのアインマラハ（Ein Mallaha）遺跡（初期ナツーフ文化）のH.104と名づけられた墓から出土したものである。この犬の骨は、人の頭骨の上前方に埋められた生後四～五ヵ月の子犬で、その犬の胸のあたりに埋葬された人の左手が置かれていた。(Davis & Valla, 1978)

伝統的な膝を折り曲げる屈葬で葬られた老女は、生まれてすぐの子犬を可愛がっていたのだろう。それが同時に死んだとは思えないから、子犬を死後の付き添いに殺していっしょに埋葬したのだろう。

この子犬の埋葬は何人もの作家の想像力を捉えてやまず、作家アーサー・C・クラークのSFにさえ引用されたほど有名なものとなった（クラーク、１９９７）。墓で共に眠る犬は、事実誤認を含めて極めて感動的なものとしてヨーロッパ世界では扱われている。

中近東では、このほかイラクのパレガウラ遺跡（一万二〇〇〇年前）やジャルモ遺跡（九〇〇〇年前）でイヌの下顎骨などが発掘されている。しかし、国粋主義を標榜（ひょうぼう）するつもりはないが、わが国では、これらの中近東の年代に近接した縄文時代早期に（愛媛県上黒岩岩陰遺跡、七四〇〇年前）に、縄文人が狩りに貢献した犬を埋葬した例がある。こちらは歯が欠けた老犬であり、大切にされて天寿をまっとうしたもので、幼い犬を副葬品にする感覚ではない。犬を大切にする志向が、中近東と日本列島の住民の間では、これほど異なっているのだ。

東アジア起源説――一万五〇〇〇年前

ストックホルムのスウェーデン王立工科大学のピーター・サボライネンらは、全世界から六五四頭の犬のミトコンドリアDNAのサンプルを集めて、世界の「いつ、どこで?」飼い犬が誕生したかを決定しようとした。サンプルは、ヨーロッパ、アフリカ、アメリカ、東アジア(中国、日本、南東アジアその他)、南西アジア(「中国とインドの西」と定義されたトルコ、イラン、イスラエルなどの地域)とインドとに区分されている。その結論は「飼い犬の起源は四万年前の東アジアで、そこから世界に広がった」のだが、自分たちの研究以外の情報を総合するとその年代は「一万五〇〇〇年前であるとするほうが妥当である」とした。(Savolainen et al., 2002)

もっとも包括的な犬のミトコンドリアDNAの研究は、一五四三頭の犬と四〇頭のオオカミを対象に行われたもので、犬の起源は一万六〇〇〇年から一万五〇〇〇年前の揚子江南部地域であると、起源地域まで特定した(Pang et al., 2009)。この起源地域の推定結果は、Y染色体DNAの研究からも支持されている。(Ding, 2012)

中東地域(南西アジア)でのイヌの遺伝学的な研究でも、この地域で東アジアとは別に独立してイヌが家畜化されたのではなく、この地域のものは揚子江南方地域を起源とするイヌとオオカミのハイブリッドであると結論している。(Ardalan et al., 2011)

三四五頭の南西アジアの犬と世界中(アメリカ、オーストラリアを除く)の一五五六頭の犬のミトコンドリアDNAを調べた研究では「東アジア(の犬)だけがすべての遺伝的多様性を持っている唯一の地域であり、オオカミの最初のそして唯一の家畜化のセンターである」と断定している（Ardalan et al., 2011）。このほか、モンゴルが犬の起源地と推定する研究も発表されている。（Shannon et al., 2015）

南北アメリカでも遺跡からイヌの骨が発掘されている。アラスカではフェアバンクス（一万年前）、アイダホ州ではジャガー洞窟（三万二〇〇〇年前、たぶんオオカミ）、南アメリカではチリ南端のフェル洞窟（八五〇〇年～六五〇〇年前）などがある。（Clutton-Brock, 1995）

種分化には異所的種分化から同所的種分化まで四つのパターンがあると細分する見方もあるが、イヌの場合は周辺・側所的種分化とまとめることができるかもしれない。それは大きく言えば異所的種分化である（Braude and Gladman, 2013）。ブラウドとグラッドマンはそれまでのイヌ化仮説をまとめて、「白い牙仮説」、「村イヌ仮説」を彼らの「異所的種分化説」と比較している。

「白い牙仮説」は同名の本を書いたジャック・ロンドンやローレンツの仮説で、オオカミの赤ん坊を人間が飼うようになって家畜化したとまとめることができる。「村イヌ仮説」はクラットン＝ブルックやコッピンガーなどの研究者の仮説で、残飯あさりのオオカミが人の村の周辺に居ついたというもので、これによれば犬の地位は残飯処理から狩猟の手助けと村の防衛に移ったことになる。

ブラウドとグラッドマンの「異所的種分化説」では、インドシナがアジアの他の場所とは離れていたことが、イヌをオオカミから分離することになったと考える。オオカミの一群が村のまわりに居ついたことは、「村イヌ仮説」と同じだが、イヌを飼うようになったのは、「食用である」と主張する。

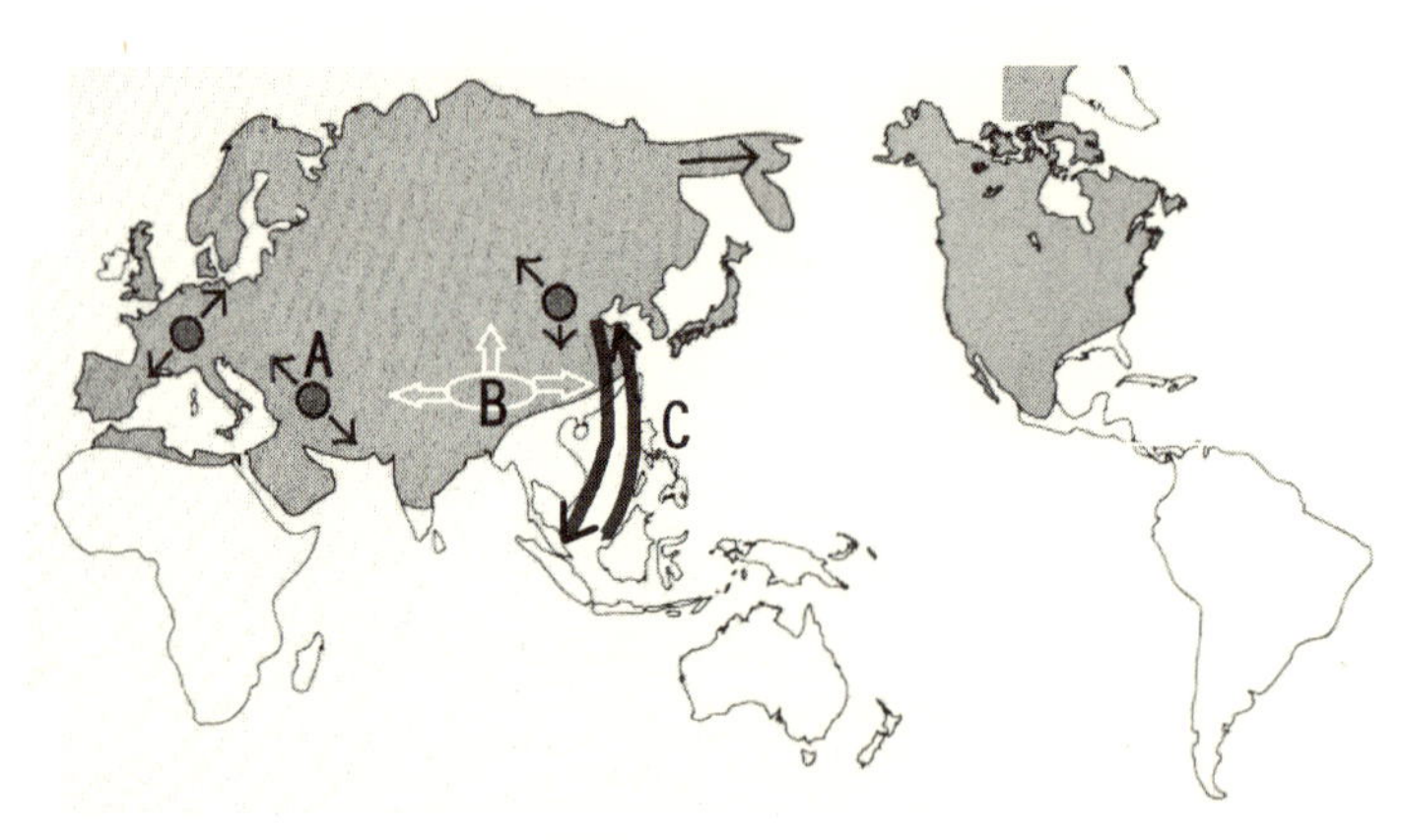

図17　オオカミからイヌが亜種分化する3パターン（Braude and Gladman, 2013より作図）

イヌの分化模式　A：オオカミの各地域個体群がそれぞれイヌとなったとする多地域起源説、B：東アジアのオオカミ分布域内でイヌが亜種化し全世界に広がったとする域内亜種化説、C：東アジアのオオカミ分布域外の南方へ出てイヌ化し、全世界に拡大したとする南下個体群によるイヌ化仮説。

イヌの家畜化過程で食用があったことは確かだが、すぐにイヌの超能力に気がつく人物もいて、防衛と狩猟の両面で使うようになったと考えるほうが合理的である。犬がその最高の価値を発揮するのは、ほかに選択のない危機に面しての食用だが、それ以上に犬の持つ超能力を人間がどれほど引き出したかが、家畜化の鍵となる。それは、他の家畜にはまったく見られない犬の特質である。

現在の犬一六一品種の系統関係を調べた結果、ヨーロッパの犬の品種はアジアのものより後に分化していることが明らかになった。(Parker et al., 2004, 2017)

現在の犬の品種の中でもっとも古い形質をもつのは、コンゴ（アフリカ）のバセンジーなどで、これらに次ぐのがアキタやシバなどの日本固有種とアラスカンマラミュート、シ

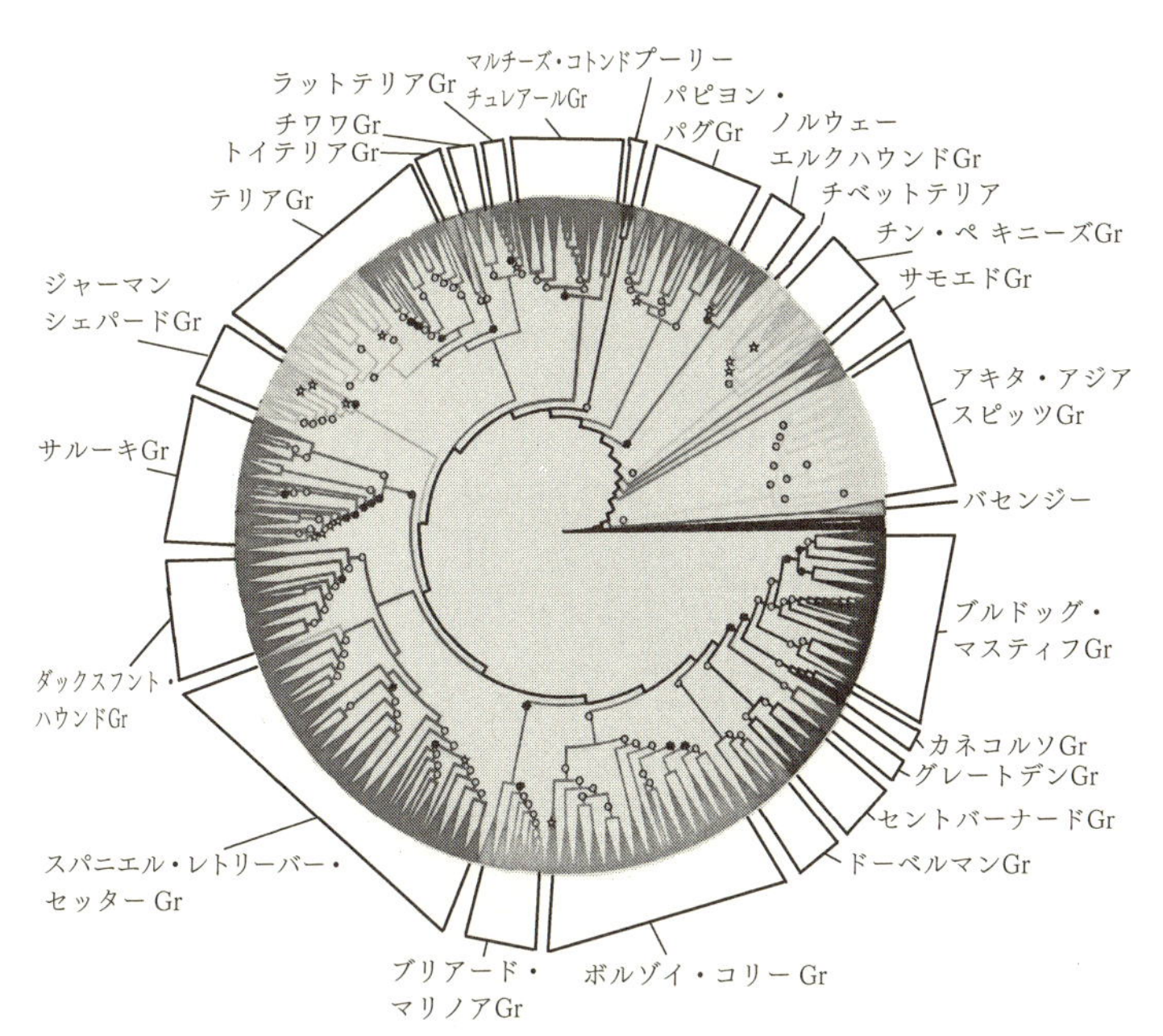

図18　全世界161品種の犬の系統関係（Parker et al., 2017より作図）

ベリアンハスキーなど極東北方品種（アジアスピッツ）、シベリアのサモエド、日本のチン、中国のペキニーズ、そしてチベットテリアである。ヨーロッパで繁殖された品種はすべて、これらよりも新しい。

ヨーロッパの犬の品種は、歴史の古い順にノルウェーエルクハウンド類、パピヨン・パグ類、プーリー（ハンガリー）、マルチーズ・コトンドチュレアール類（注6）、テリア類、シェパード類、サルーキ類、ダックスフント・ハウンド類、スパニエル・レトリーバー・セッター類、マリノア類、ボルゾイ・コリー類、ドーベルマン類、セントバーナード類、グレートデン類、カネコルソ類、そしてブルドッグ・マス

写真4　オーストラリア動物園で飼育されているディンゴ

写真5　マダガスカルの犬たち（2018年12月）
国道沿いのタクシーブルース（長距離バス）の停車場では、バスの発着する時刻に村から犬たちが集まってくる。彼らはそれぞれ飼い主を持っているが、食糧の不足を自前で補うために長距離バスの客相手のレストランの残飯を待つ。ある意味で、もっともプリミティブな犬—人間関係を垣間見せてくれる。村の犬というわけではないが、飼い主がいないわけでもない。さて、何頭が集まっているでしょうか？

ティフ類となる。

オーストラリアの土着の犬ディンゴの起源は、すでに家畜された犬の小グループが、四〇〇〇年前（一万六〇〇〇年前から五〇〇〇年前までの間とも）に持ち込まれたものらしい。また、南アフリカや南アメリカにイヌが持ち込まれたのはわずかに一四〇〇年前よりも後のことである（Larson et al., 2012）。さらにマダガスカルの犬はアフリカ起源で、しかもそれが非常に新しいことも分かってきた。

ホモ・サピエンス＝ヒトがオオカミ亜種のイヌを自分の生活圏の中にニッチを持つ特別な動

物種として伴った時、そのことによってお互いの弱みを補強できた時、ヒトは人となり、イヌは犬となり、それ以来決して離れることのない強い関係が結ばれた。それはほとんど共生と言えるほどの強固な結びつきとなった。そのことによって、犬—人関係はただごとでなくなる。原子さんが書き残したように、「星のふる夜を語り明かす」関係が誕生した。

最終氷期の気候の大きな特徴である気候の激変、あまりにも暑い夏、極端に寒い冬が熱帯地域にも繰り返して襲ってくる。バナナをからし、ヤシを根こそぎにする気候変動に続く飢饉は、ヒトの心に大きな影響を与えただろう。それは欠乏の時だったが、同時に心を豊かにする時代だっただろう。危機に直面して「作為的呼び声」もまた、頻繁になったはずである。その時期こそ、誰かに助けを求めなくてはならなかったからである。助けを求める声は、助けることができる者もいることが前提である。そういう関係が人と犬との間にも作られはじめていた。

それは、あまりにも犬の過大評価ではないか、と考える人は多いだろう。確かに現代では想像もできない。しかし、過酷な環境のもとでは、特に厳寒の冷酷な現実のもとでは、生か死かをめぐる時の助けは、犬からしか来ないことが多々ある。その実例を、私たちはのちにアラスカや南極の例から知ることになるだろう。それこそは、氷期の極大期に人間社会の存続を左右する助けだった。

ヒトの集団のまわりについてきたイヌたちへ食物を分け与えることは、ヒトのお互い同士の分配以上に重要だった。この供物によって、イヌたちはただの残飯、糞や死体食者としてのフォロワーから協同生活の随伴者「犬」として、協同体内の地位の階梯を一段のぼることになった。それは、ヒトにとっても、生活のレベルだけでなく心の階梯を一歩あがることを意味していた。

この心の階梯が一歩進んだ時、一万五〇〇〇年前にイヌが家畜化された時代の前後こそ、ヒトの歴史上でもっとも華やかな文化にあふれる時代であり、洞窟絵画と縄文土器が出現する。

ヒトがイヌと出会った時代の夢を見る理由も、実にここにある。それは、ヒトの歴史上はじめて、狩猟・漁労採集生活が安定し安全に成り立った時代である。それは、かつてのように外敵と大型食肉類の捕食者の脅威と毒蛇などの危険から逃れることができた時代であり、やがてくる農耕・牧畜生活の劣悪な生活条件、不健康な労働と生活環境、階級支配と搾取と戦争と生活苦が続く時代とは、完全に一線を画していた。それは、安全で、安定した夢のような生活の時代だったが、ほんの数千年、どんなに長くても一万年とは続かなかった束の間の理想郷の時代である。精緻をきわめた洞窟壁画と縄文土器、土偶は、地中海沿岸地域と日本列島にはそのような理想郷の時代があったことを指し示す文化的指標である。

第三章

犬の力

1　犬には超能力がある

ある日、イノシシを獲ったが、大きくてひっぱってくるのに時間がかかり、山で泊まるしかなくなった。まずあたりの木の枝を切って敷いて、地面の冷えが伝わらないようにして、犬たちを両脇に抱いて寝た。真夜中になると底から冷えてくるんだが、そのうち寒さを感じなくなってよく眠れた。起きてから分かったが、寝ているうちに暖かくなったのは犬たちが六頭もまわりに集まって寝ていたためだった。犬の体温は人間より高いからいっしょに寝ると暖かい。寒いときにはこんなふうにして、昔の人は生きていたんだろうなあって、思ったよ。(石井勲談)

イノシシ猟の時期だから、九州大分県とは言っても土も凍る真冬の話である。遥かな祖先が子どもの頃に、自分の犬といっしょに眠っていた姿が目に浮かぶ。男の子は、たぶん、みんな自分の犬を持っていたか、持ちたかっただろう。馬と違って、犬は多産で小型だから、犬がほしい子どもは犬を持つことができた。犬のちょうどいい大きさと多産さは、犬が人とつながる大きなポイントのひとつになったことは疑いない。

さらに、犬が人間のパートナーとなった意味を明らかにするために、これまで知られていなかった犬の能力を明らかにする必要がある。

人は犬については、自分こそ専門家であると自負する。そこには、もっともな理由がいくつもある。犬といつも暮らしてきたから、犬をよく見ているから、犬はどこにでもいるから、……。犬の能力についても、テレビでも新聞でも小説でも取りあげられているから、誰でも知っている。少し気をつければ、犬の情報はあふれるほどある。「したがって、私こそ、犬の専門家である」と。

しかし、ここではオオカミの南下集団イヌが、狩猟漁労採集民であるヒトと出会った瞬間を再現したい。その時、必要な情報は、現在の犬からは入手できない。なぜなら、彼らは定住しはじめたヒト集団のまわりを、自分たちのルールを持つ群れをもって、動いていたからである。「一頭だけのチンパンジーはチンパンジーではない」という言葉があるが、犬にも同じことが言える。

ヒト集団のまわりをうろつくイヌ集団、つまり、野生動物としてのイヌが問題の焦点である。ヒトが人となる直前の狩猟採集民、イヌが犬となる前の野生動物、その双方に何が起こったのかを、イヌの側から見る視点が必要となる。

嗅覚、味覚、聴覚の超能力

人と犬が同盟を結び、強力な関係を作り上げても、人の側が功利的な意味を超えて犬を理解することは、非常に難しい。それは犬が人にはない感覚をいくつも持っているからである。その人間にはない感覚を「超能力」と呼ぶこともできる。

この犬の感覚の恩恵にあずかる人は、人間としては「超能力」を持ったに等しい。石井さんがただひとりで、ものの一時間で大型のイノシシを倒して森を出てくる現場を見れば、彼を「超能力者」と呼びたくなる私の気持ちは分かっていただけるかもしれない。

その犬の超能力の一端は、よく知られている嗅覚や聴覚、味覚である。

犬の嗅覚のすばらしさについては、警察犬の捜索や麻薬探知犬の活動によって広くその威力が喧伝されている。鼻にある嗅覚の受容体は、人間では五〇〇万〜六〇〇〇万個だが、犬では二億〜三億個と二桁ちがう。しかも、犬の嗅細胞の種類やその遺伝子は、人よりはるかに多様なので、人には分からない臭いも検知する。臭いを嗅ぎ分ける犬の能力が人の一〇〇〇倍や一万倍であっても、まったく不思議ではない。(コレン、2007、31-32頁)

しかし、犬の嗅覚が動物界最高というわけではない。臭いの識別能力を決定するのは嗅覚受容体の種類とされる(議論の余地がある)が、それを決定する遺伝子の数は、アフリカゾウ一九四八、馬一〇六六、犬八一一、人三九六である。犬は人間の倍ではあるが、ゾウたちにはかなわない(毎日新聞二〇一八年二月八日、新村芳人研究結果より)。犬の嗅覚は動物界で最高というわけではない。ただ、犬の場合はこの嗅覚の力を人間との関係で利用することができ、それが、あたかも客観的判断能力や理性的判断能力のようにさえ見えることがある。

また、犬には恐怖は匂うし、凶暴さも匂う(ホロウィッツ、2012、101頁)。犬には弱みも強みも悲しみも喜びも臭いで嗅ぎ分ける、人間には理解できない能力がある。しかし、それは特に神秘的なことでもなんでもない。

　ミツバチからシカまで、多くの社会的動物では、仲間の一匹が不安を感じてフェロモンを出すと、全員がそのフェロモンを感知して、安全な場所に逃れるための行動をとる。（同書、101頁）

　このように別の感覚を持っている動物では、人間が通常見聞きしている世界とは別の世界が展開されているのだということほど、衝撃的な世界観の転換点はない。それを最初に示したのは、大学とは関係のないフリーの研究者として生涯の半分を過ごした生物学者ヤーコプ・フォン・ユクスキュル（一八六四―一九四四。ハンブルク大学環境世界研究所名誉教授）だった。

　彼はダニにとっては哺乳類の血液こそは子孫を残すための絶対必要条件であると説き起こし、そのために三つの知覚信号だけから構成されるダニの単純な世界を描き出す。ダニの世界では、哺乳類の皮膚腺から出る「酪酸」が第一の知覚信号となり、木の枝から「足を離し」て哺乳類の上に落ちる。そこで「接触」が第二の知覚となって「這いまわる」行動を触発し、裸の皮膚に達すると温かいという「温度」が第三の知覚となって、そこに口で「穴をあける」行動が始められる。

　ダニの中には、一七年間ものあいだ、ひたすら下を通る哺乳類を待つものさえいるが、その時間観念は当然、哺乳類のものとはまったく異なっている。ユクスキュルは言う。

今までは、時間がなければ生命を有するいかなる主体も存在しないと言われていた。いまやわれわれは、生きた主体がなければ、いかなる時間も存在しえないと言わねばならないのである。（ユクスキュル、1973、24頁）

犬の認知行動学者アレクサンドラ・ホロウィッツは、その著『犬から見た世界』の「犬の環世界（注1）――犬の鼻から世界を見る」章で、「彼（ユクスキュル）の提案は革命的だった」と紹介してから、「犬に聞いてみる」のである。

彼女の説明によって、私たちは犬の鋭い嗅覚というものが、単に鋭いのではなくて、鼻に新しい空気を入れかえることで、人間のように臭いになれてしまわずに嗅覚地図を鮮明にすることができるということを知る。視覚人間にとっては、それは風景を視線で探っているようなもので「あたかも視線をたえず動かしてくりかえし見続けているよう」（ホロウィッツ、2012、91頁）と説明されないと分からない。なにしろ、臭い物質は四〇万種もあると言われるのに、人間の臭い受容体は三九六種しかないし、一個の嗅細胞は一種の臭いにしか反応しない。もっとも、いくつかの嗅細胞の組み合わせによって多数の臭いを嗅ぎ分けられるらしいが、それも限りがある。犬の臭い能力は、この貧弱な人間の能力を根本的に超えている。

犬の鼻には空気の中の臭い分子をとらえる嗅細胞の数が多いばかりでなく、濡れた鼻の外皮そのものにも強力な機能がある。外の世界の臭い物質は、この濡れた鼻で溶けて鼻の奥の鋤骨（じょこつ）にある鋤鼻器に直接届き、そこから直接脳内の嗅球に達する。つまり、人の臭いは気体分子をとらえるだけだが、犬は世界を嗅ぐ手段を気体と液体とで二重に持っている。（同書、95頁）

味覚では微妙なところで、犬と人間に違いがある。そのひとつは塩味で、犬は塩をほしがることはない。もうひとつは肉の旨味である。

人間の場合は、基本的に四つの味が識別できる。甘味、塩味、酸味、そして苦みだ。……犬の味蕾が反応する化学物質の中には、肉を作りあげるタンパク質と関わりのあるグルタミン酸もある。……こうした研究の中で、人間にも肉の味に反応する味蕾があるのではないかと考える学者もいる。人間も雑食であり、肉の味が好きだからだ。実際に日本では、そうした味蕾の存在が人間にも発見され、〝旨味〟と命名されている。（コレン、2007、108-109頁）

カナダのブリティッシュコロンビア大学の心理学教授のスタンレー・コレンは、旨味を味として感じる味覚にびっくりしているが、日本人は旨味をグルタミン酸ナトリウムとして析出して商品化してきたので、逆に「ヨーロッパ人には旨味は味として感じられないのか！」と意外である。余談ながら、そのほかにもヨーロッパ人の味覚に欠落している味がある。

チンパンジーの食物の研究をしていた西田利貞さん（故人、京都大学名誉教授、国際霊長類学会元会長）は、甘味、塩味、酸味、苦みの四つの味に五番目の味として「渋み」を加えて論文にしたところ、訂正を求められたと笑っていた。「君な、ヨーロッパ人は渋みを感じへんのや」と。犬は水を実にうまそうに飲むが、それは水の味を感じる味蕾があるからである。

犬には水の味に適応した味蕾もある。これは猫族その他の肉食動物にも共通しているが、人間にはない。（同書、111頁）

人間の聴覚は二〇（一二とも）〜二万（二〇キロ、二三キロとも）ヘルツで、通常の生活では一〇〇ヘルツから一〇〇〇（一キロ）ヘルツまでの音域を聞いて生活している。しかし、犬の聴覚は人間の感覚を超えていて、四五キロヘルツ（六五キロヘルツとも）の高音を聞くことができる（音楽研究所（注2）、「動物の可聴域」、ホロウィッツ、2012、117頁）。つまり、ピアノの鍵盤を高音部にあと四八鍵も足さなくてはならない計算である。（コレン、2007、94頁）

オオカミは二六キロヘルツの音まで聞き分ける（ロペス、1984、55頁）とされ、犬よりも可聴域の幅がやや狭いが、人間よりはるかに高音を聞くことができる。オオカミも犬も小型のネズミなどを捕まえて食べるから、ネズミが出す高い周波数の声に敏感だとされているが、この波長の音は人間の耳には、まったく聞こえない。

人間が感知できない音域の音を察知して、行動を組み立てる犬について、私たちが知らない領域は実に広い。私たちよりも犬の感覚世界が広くかつ深いと実感できなければ、犬について理解できないだけではなく、理解への道さえ開けない。

この犬たちが、オオカミ南下集団のイヌとしてわれらがはるかな祖先のまわりにつきまとい始めた時、その能力を感じた人びとがいたはずである。モウワット描くところのオオカミの言葉が理解できるイヌイット族のシャーマンのような人は、小型オオカミであるイヌが森の狼ドール（注3）とは違っていること、その声には明らかな情報が含まれていることを解き明かしたと考えてもいいはずである。なにしろ、ヒトとイヌのつきあいを五万年前からと考えても三万年以上もの間、つかず離れずの関係で、お互いを意識していたはずである。ある人物はイヌが超音波領域を使っているかもしれないことを知ったかもしれない。その時、これら特別な人物とある特殊なイヌとが特別な関係を作っただろう。このふたつの種（ヒトとイヌ）の特性のひとつは、個性だからである。

人を救う能力

犬が人を救う能力を持つことは、セントバーナード犬の例でもよく知られている。

スイスとイタリアを結ぶ山道は、モンブランの東一五㎞で標高二四六九ｍのグラン・サン・ベルナール峠を越えなくてはならない。ナポレオンが一八〇〇年にこの道をイタリアへの進軍路に選んだことで知られるが、雪崩や盗賊（！）などのため遭難も多い峠だった。一〇五〇年に峠に遭難者の救助を目的とする施設「ホスピス」が建設され、救助犬がおかれることになった。この救助犬は三頭が一組で、遭難者を発見すると一頭が修道院へ連絡に走り、二頭は遭難者に寄り添ってその体を温める。

（コレン、2007、252-253頁）

こうして、二五〇〇人の遭難者（期間は不明。なにしろ始まりが一〇五〇年である）が救助されたという。なかでも、一九世紀はじめの救助犬バリーは生涯に四〇人を救ったとして「ベルン自然史博物館」に永久保存されることになったほどである。

生死をともにした子どもと犬の関係は、狩猟採集時代にはことさら密接なものがあったに違いない。ケガをして動けなくなった子どもは身ぶりをし、視線を使い、指さして、言葉を添えて、言っただろう。

「ぼくが、ケガをして、動けないってこと、お父さんに、伝えて。お父さんを、連れてきて、すぐに」と。

そのメッセージが伝わらなければ、死ぬのだ。

そのメッセージを伝えてもらった男の話がある。一人で猟に出た男サム・ベリーが引き金に指をかけたまま足をとられ、銃が暴発して右足を失い、出血多量で気をうしなった。いっしょにいた犬が道路まで出て、倒れた主人の方を向いて吠えつづけたので、通りがかった人たちに助けられたのだった。サム・ベリーは、その後、犬が死ぬまでドッグフードではなく、サーロインステーキを与えつづけた。（ケッチャム、1999、60-61頁）

この本は小説であり、架空の筋書きだが、その冒頭には、著者が飼った犬五頭の名前とともに、「この本にサム・ベリーの飼い犬のエピソードとして描いたのと同じようにしておじの命を救った、現実のレッドへ」という献辞がある。事実だったのである。

　犬は泳ぐことができるので、溺れかけた子どもを助けたこともたびたびあったが、大人でさえ助けられていて、その中には超有名人さえいる。

　ジョゼフィーヌの愛犬に嚙まれて犬嫌いだったナポレオンは、流刑先のエルバ島から脱出して復権への道につくが、島を振りかえった時船が傾き、海に落ちた。泳ぎができないナポレオンが死にかけた時、彼を助けたのは大きな黒と白のニューファンドランド犬（ラブラドール・レトリーバー原型）だった。

　ナポレオンはセント・ヘレナに再度流された時に回想録を作るが、その中でイタリア戦役のバッサーノの戦場で、死んだ主人を守りつづける犬について感動的な言葉を残している。それは犬嫌いのナポレオンが犬について好意的な言葉を残した唯一の例だという。それはエルバ島で犬に助けられたからだろう、とスタンレー・コレンはシニカルに書いている。（コレン、2002、248頁）

　犬によって救われた人の話は、枚挙にいとまがない。犬に火事を知らされて、かろうじて生きのびることができた「ジャーナリスト」と自称する大学教授のフランクリンの挿話は、実にリアルである。

「二〇〇三年七月二三日」と、この本の中では唯一日時を明らかにしているが、それは、著者が事実を書いていることを知らせるためである。そうでないと、人間にとっての犬の重要さについて語っているこの本の結末として、あまりにも話がうまくできすぎるからである。

フランクリン夫妻は、夫婦とも睡眠薬で眠っていた午前六時半頃、愛犬のサムによって無理矢理起こされた。

サムはリン（妻）の二の腕をくわえ大げさでもなんでもなく、本当にリンをベッドから引きずり下ろした。

ようやく目が醒めた夫婦はものすごい音に気がつき、隣の洗濯室から炎が出ているのを見た。

僕らが正面のドアから出た直後に窓ガラスが熱で次々と破裂し始めた。（フランクリン、２０１３、３２６−３２７頁）

犬好きの作家アーサー・Ｃ・クラークは短編「ドッグ・スター」の中で、愛犬ライカが二度にわたって主人公に危機を知らせて助けたことを、題材にしている。この「犬の星」について、著者クラーク自身の「わたしはもうこの小説をとても読めない」というあとがきがある。「ライカは、わたしたちがかつて起居をともにした家の庭で永遠の眠りについているのだから」と。（クラーク、１９６２）

適度な大きさ

犬の超能力の最後に、その大きさをあげておきたい。オオカミは最大八〇kg（ふつう二五～五〇kg）にもなり、人間の大人と変わらない。大きな体には、大きな口があり、そこには大きな犬歯と裂肉歯がある。それは鉄棒を噛みきる威力を持つ。

オオカミのこの大きさでは、力ずくで人間の言うことを聞かせるのは、ほぼ不可能である。そして、これらの食肉獣を力で威圧できなければ、威圧されるしかない。

動物の大きさは、その生態的地位、その主食となる食物と密接に関係し、ライオンなどの大型の食肉類はシマウマなど中型・大型の草食獣を獲物とできるが、チーターなどやや小型の食肉類は、インパラなどの小型の草食獣を獲物としている。チーターはシマウマに追いかけられるほどである。しか

写真6　シェルティーの歯と秋田犬の頭骨（秋田犬会館博物室所蔵、写真：島泰三）
コリーを小型化したシェットランドシープドッグ（シェルティー：上）は貴族的な面立ちと温和な気質で愛されているが、犬歯より大きい裂肉歯（奥歯）に注目されたい。上あごにも同じ歯があって、上下で鋏のように使い、肉だけでなく骨までも噛みきることができる。ヒトの奥歯（大小の臼歯）はその名のとおり、すりあわせになる臼形であり、噛みきることはできないので、この犬の歯の威力とは比較にならない。8kgに満たない私の可愛いシェルティーでさえ、牛の骨を噛み砕くのである。

し、群れで狩りをする場合は、捕食者側の体重の合計が獲物の体重をこえた時、その大型の草食獣を捕まえることができる。

イヌ族では、リカオンとオオカミはライオンと同じように中型・大型の草食獣のシマウマやアカシカを獲物とできる。これは、リカオンやオオカミがほかのイヌ族の種よりも大きいためである。冒頭で紹介した石井さんのイノシシ犬が体重六〇kgのイノシシを倒すには、五頭以上の犬（体重一五kg程度）が必要となる。しかし、オオカミの大きさは二五〜五〇kgであり、最大八〇kgに達するので、二、三頭の群れで六〇kgのイノシシを獲物とすることができる。

オオカミまでライオンクラスの大型の食肉類とまとめると、彼らにとっては六〇kg程度のヒトの大きさは、単なる獲物にすぎない。このような大型食肉類のオオカミがヒトと連合する理由は、彼らの側にはない。オオカミの亜種がヒトと結びつくためには、それが小型で、ヒトを獲物としては見ないジャッカルのような生態的地位を持っていなくてはならない。

オオカミは高緯度になるほど大型化するが低緯度地域では小型化し、アラビアオオカミの体重は二〇kgにすぎない。イヌをオオカミの南下集団と考えたのは、ヒトの大きさを獲物としては見ないほど小型化したオオカミの亜種が生まれていることが、ヒトと連合する家畜化の絶対条件だからである。

犬は超大型犬では九〇kgに達するマスティフやグレートデンなどがあるが、秋田犬でも六〇kg以下、橇犬アラスカンマラミュートでは最大四五kg、同じ橇犬のシベリアンハスキーは三〇kg以下である。そして、シェパードやコリー、スタンダード・プードルなどよく知られた大型の犬たちはみな、この三〇kg以下のクラスにまとめられる。つまり、オオカミの体重の下限が大型犬の体重である。これらの大型犬は大きく見えるが、人間の子どもの体重と同程度なので、大人の人間は威圧できる。

むろん、この犬の大きさでも捕食者の歯は凶器であり、人間を含めたすべての霊長類は、彼らの裂肉歯の骨をも嚙み砕く力に恐れを感じる。このため、犬は主人には守り手となり、敵には恐れられる。

イヌがヒトにとって適当な大きさであることは、ともに生活する上で決定的に重要だった。ハムスターやモルモットはたしかに可愛いが、いっしょに暮らしてもまったく頼りにはならない。トラやライオンでは、いつ気が変わって喰われるか分からない恐怖がつきまとう。オオカミクラスの大きさであっても、その恐怖は同じことだ。

集団行動への適応能力

犬よりも大型で、北極地方にいるオオカミに橇を曳かせるアイデアは歴史上幾度も繰りかえされたが、そのたびに失敗に終わった。オオカミは猟をする動物であり、常に何かを追いかけているので、ウサギでも見つけると、橇につないでいても勝手に跳びだし大混乱が起こる。だが、犬は「ほかの犬たちがいっしょに走っているから」というそれだけの理由で、橇を曳いて倒れるまで走り続ける。オオカミはチームで猟はしても、同じ歩調で団体行動をすることに適さず、犬はより密接な団体行動ができる動物である。（ソールズベリー、2005、223頁）

ゴリラとチンパンジーの言語学習で明らかになったのは、チンパンジーとちがってゴリラは人間を特に尊敬に値する存在だとは思っていないオオカミタイプなので、人間の側からの命令に最後まで服従する理由がゴリラの側にないことだった。

それとは真逆に、イヌから犬になった「犬」は人間社会でのみ生きのびられる存在だから、統率する人間の意志を正確に実現しようとするリーダー犬のあとをひたすら追うだけで、十分満足する。しかし、オオカミはそうではなく、それぞれ独自の生き方を貫こうとする。そこで人間がどれほど命令しようと、そもそも彼らは人間への尊敬心などを持ちあわせていないから、最終的には言うことはきかない。犬は、ゴリラやオオカミなどのこれら独立不羈（ふき）の動物たちに比べると、もっと直接に人間に密着している。

しかし、犬の個別の能力を分解しただけでは、犬の本質的な力を理解したことにはならない。犬がその超がつく感覚能力を発揮してどれほど人を救ったとしても、そのことが犬の最大の能力を示すものではない。犬のもっとも重要な能力は、人とのコミュニケーションの中にこそある。

2　犬に妄想はない

犬と人を比較すると

人はその発達した大脳皮質前頭葉を使って、全体的な判断能力を進化させてきた。しかし、感覚領域では野生動物たちにはとうていかなわない。視力、聴力、嗅覚、走力、持久力、体力。どれひとつをとっても、鷹の視力、馬の走力、犬の嗅覚にはかなわない。泳いだり、潜る能力は犬よりは少ししかもしれないが、イルカには劣り、カワウソにもかなわない。

もっとも、潜る能力でも犬には優れたものがいる。ラブラドール・レトリーバーはその名のとおり、北極にちかいカナダのニューファンドランド島（ラブラドール州）で漁網にかかった魚を持ってくるように作られた大型の犬種で、足に水かきがある。ラブラドールは五ｍまで潜るが、信じられないことにまったく視界の利かない泥水の中で、しかも泥の中にはまりこんだ石を拾ってくるものさえいる。

マダガスカルの農場で出会ったこの品種の犬は人なつこくて、会ったばかりなのに何度も何度も石を池の中に投げろと持ってきた。今、思い出しても懐かしいが、ガナッシュという名の、真っ黒い大きな頑丈な頭をした、しかし、ほんとうにおとなしい犬だった。

イヌにはヒトにない能力があった。鋭敏な聴覚、嗅覚によってヒトの感じられない獲物や敵の接近をあらかじめ探知する能力であり、獲物を追跡する走力と体力、そして獲物と敵を攻撃する武装を常時整えていることだった。ヒトはこれらの面では、道具なしにはほとんど無能力者に近かった。

ただ、イヌをコントロールできれば、これらのヒトの弱点はたちまち解消する。そのために必要なのが、イヌとのコミュニケーションだった。

犬に鼻先でタイプライターを押させるというコミュニケーション方法は、失敗に終わったが、犬の心に接近する方法が閉ざされたわけではない（注4）。

主人の意図を正確に感じとること

犬はその敏感な音や臭いの受容能力、さらに瞬間的な動きを解析できる能力によって、人間のごくささいな動きや臭いや音から、伝達されるべき情報を探りあてることができる。

そのもっとも古い例は、ホメロスによって叙事詩に歌われた。ホメロスはトロイア戦争から母国への帰還途中のオデュッセウスの延々たる苦闘を描き、ついに自分の館に帰り着いて、妻を狙う食客どもへの反攻を準備するオデュッセウスを歌う。しかし、どうしたことかホメロスは、その重要な始まりの一節にオデュッセウスの愛犬アルゴスが横たわっている姿を描くのである。

> そこにこの犬アルゴスが横たわってた、犬じらみを身にいっぱいつけ。
> ちょうどこのとき、オデュッセウスが身近へ来たのに気がつくと、
> ともかく尻尾を振りうごかし、両方の耳を下に垂らしはしたものの、
> もうはやそのうえ、自分の主人の近くに寄りもかなわなかった、
>
> （『オデュッセイアー』下、第十七書三〇〇、149頁）

このホメロスの一文を、読者はどのように読み解かれるだろうか？　年老いた犬は、長年月離れて

いた主人を見分けることはできたが、それに対して積極的な出迎え行動をするほどの力が残っていなかったのだろうか？　それとも、あまりに長い間離れていたので主人への感情が摩滅し、かつての主人への挨拶はこのかすかな好意のしるし程度のものしか残っていなかったのだろうか？

ホメロスが描くオデュッセウスの帰還を知った愛犬アルゴスの行動こそは、犬が主人の意図をどれほど正確に感じとるかを、明らかに示している。

アルゴスは主人の臭いも姿も行動も忘れてはいなかった。他人にはそれとは分からないように、かつての王の姿ではなく流浪の旅人に身をやつしていても、アルゴスには見間違えようがなかった。しかし、アルゴスはオデュッセウスが戻ってきたことを喜びの仕草で表してはならないことも理解できた。旅人として館に入ってきたオデュッセウスたちの様子は、秘密の企みがあることを示していたからである。アルゴスはオデュッセウスの帰還が、秘密裏に行われていること、密かに戻ってきた主人はそれと悟られてはならないことを、ただひと目で理解したのだった。

主人の意図を、どのように読み解くのか？　そこに犬と人間の目もしくは視線という、もっとも大きな問題が隠されている。

そのようなことが実際にあったかどうかよりも、ホメロスの時代、紀元前のギリシアにおいて、すでに犬が人間の意図を察する能力を持っていることを、少なくとも詩人は知っていたことが重要である。そこには、もっとも親しい人間と犬の間でしか通じない心の関係があるということだった。

犬には読心力がある

マダガスカルの原猿類の中でもアイアイは、その起源の古さと特殊な形によって注目されてきたが、その最大の繁殖施設はアメリカ合衆国デューク大学の「レムール（マダガスカルの原猿類）センター」にある。筆者は一九八四年に世界で初めて野生のアイアイの映像を撮影したチームに同行してマダガスカルに行って以来、アイアイの研究を続け、マダガスカル国立チンバザザ動植物公園に「霊長類学研究指導」という名目で、独立行政法人国際協力機構（ＪＩＣＡ）から合計六年三ヵ月間（一九九〇〜二〇〇一年）派遣された。この間にアイアイの繁殖に成功した。二〇〇一年には上野動物園に二頭のアイアイがマダガスカルから贈呈され、上野動物園はサンディエゴ動物園にアイアイを送るなど、世界的なアイアイの繁殖センターとなった。

二〇一六年に「レムールセンター」でアイアイが四頭も続けて死んだという報告に驚いて、翌年飼育施設のあるデューク大学に行った。そこはニューヨークから約七〇〇㎞南西に位置するノースカロライナ州ダーラムにあり、あたりの風景は、ひたすら平らな大平原である。

夕食をホテル近くのレストランでとり、出たところで犬連れの老人に出会った。驚いたことに、彼は私に話しかけてきた。

「君には昨日会ったね。犬のことをよく知っている人じゃないか」

そう挨拶されて思い出した。その前の日にほとんど同じところで、歩道のテーブルのわきに坐っていた犬に私は挨拶した。ちょっと手をふったのである。その犬は私の簡単な挨拶にちょうど見あったほどに、ちょっと尻尾を振った。

「性格のいい犬だなあ。まったく見ず知らずの通行人だけど、『挨拶には、いちおう返答しとかないと』という心を持っているところがいいなあ！」と、私は妻に話した。あるいは、ちょっと立ち止まってその犬を見ながらそう言ったのかもしれない。私たちはすぐにその場を去ったからテーブルに坐っていた人のことは見ていなかったが、彼はこちらの様子を見ていたようだった。「その犬の写真を撮ればよかった」とあとで思ったくらいに、その犬は丁寧な挨拶を返す犬だったのである。その犬と主人に再会したので、この日は写真を撮らせてもらった。こうして改めて写真を見ると、犬も人もとても親切そうなカップルである。

写真7　ノースカロライナ州ダーラムの町角で
愛想のよい犬とその主人（2017年9月）

犬が人間の心を読む力を持っていることについては、小説家のほうがよく知っている。スタインベックは自分が内心で考えていた計画を、愛犬チャーリーが途中で推察し、チャーリーを連れていかない計画だと分かると、「失望と非難の表情を浮かべた」と書き、その犬の能力を、人との間の「繊細な」コミュニケーションの結果なのだと読み解いている。（スタインベック、2007、216‐217頁）

その繊細さとは何か？

ビデオ撮影は、人が犬の動作をどれほど知らなかったかを明らかにする。超スローにしてはじめて、二匹の犬が追いかけあう前にうなずき合うこと、噛みつく前に口を開けて頭を振ることなど、人間の目ではかすんで見えなかったことが明らかになる。（ホロウィッツ、2012、230－231頁）

人間が視覚動物であり、見た目で判断することが多いにもかかわらず、人間の視力は犬の動体視力に及ばない。警察犬の実験では、九〇〇m離れた地点でも犬は動くものを見分けられるし、一・五km離れていても動きさえすれば、犬は主人を見分けることができる（コレン、2007、80－82頁）。そして、秒単位よりも短いレベルで犬は人間を観察してその仕草を理解している。犬は人間が思う以上に繊細な感覚で人間とコミュニケーションをしようとしているのだが、それが分からないのが人間の側なのだ。

知性的判断と感情的判断――いつも、犬の意見を聞け

犬が人間について行う洞察は、人間の他者への観察や評価能力を超えることがある。

ある人物が大学への就職挨拶を兼ねて、ジャーナリストで大学教授のジョン・フランクリンの自宅を訪れた時、彼の愛犬スタンダード・プードルのチャーリーはその男が最初の挨拶をするや否や、居間の奥に引き下がって、遠くから油断なくその男をずっと観察しつづけたという。（フランクリン、2013、245頁）

フランクリンは初対面の「気の良い人物」の前でチャーリーのこの行動が理解できず、ばつの悪い

思いをしたが、その男は大学に入るや否やフランクリンの敵となり、冷戦を繰りひろげることとなった。そうなってからはじめて、フランクリンはチャーリーの最初の出会いの時の行動の意味に気づかされた。そして、フランクリンはひとつの決定的な教訓を得た。

「いつも、犬の意見を聞け」

フランクリンは語る。

その経験をきっかけに、僕はあることを考えるようになった。それを『感情的判断』と呼ぼうと思う。（同書、２４５頁）

感情は合理的判断をするためにはおさえておくべきものだと、誰もがうたがわない。「感情的になるなよ」と怒り狂った人に注意するのは、そのためである。「感情的になっては理性が曇らされて、『正しい』判断ができなくなるぞ」と、誰もが忠告する。

下はトイレの我慢のような単純なことから、上はどこまであるかわからないが、とにかく大脳辺縁系の命じることを人間は前脳で制御できなくてはいけない。（同書、２４６頁）

大脳辺縁系は、大脳辺縁葉（注５）と連絡をもって生命の維持調節にかかわる脳領域全体をさしている。食欲、水飲み、性行動などの本能や情動中枢である。これに対して「前脳」（注6）で情動を制御しなくてはならないと思っていたのだと、フランクリンは語る。

人間は、さまざまな情報をもとに他人への判断を行い、事柄への評価をするが、それこそは人間に特有の「知性的判断」であると信じている。犬には感情しかないとすれば、犬の判断は「感情的判断」と分類せざるを得ない。しかし、動物たちに「知性」がないとしたら、大脳辺縁系の命ずる感情だけで生きてきたとしたら、どうして動物たちはうまくやってこられたのだろうか？

さらに振りかえれば「知性的判断」にどれほどの意味があるだろうか？　それはあれやこれやの情報でつぎはぎされたその個人の主観的な全体像への価値判断であり、決して客観的なものではないのではないか。

「そういえば『知性の叛乱』という本があったなあ」と半世紀前のことを思い出す。そして、私は人柄を知っている著者への尊敬心はありながら、わけもなくその本の題名が嫌いだった。知性を誇るのは、少し趣味が悪い。それに知性を語る人びとは、最終的に信頼できないところがあった。「命のやりとり」の土壇場では、知性はまことに頼りにならないものだったからである。

「お前は命のやりとりの土壇場を経験したのか？」と聞かれると、少しつらい。私たちが青春時代後期に経験した現場は、私たちの父祖が経験してきた国家間の戦争のような暴力と死が吹き荒れるというほどのものではない。それでも、命の危険は常にあり、実際に学生も警官も殺された。そこでの日常的な判断や最終的な決断を支えたものは、「知性の選択」ではなく「本能の導き」のようなものだった、という感じがする。

「知性的判断」は、生死がかかる最後の土壇場で常に「逃げ出す理由」を探すが、「本能」は立ち向かうべき時もあることを示す。

それはともかく、人間の「知性的判断」よりも犬の「感情的判断」が常に正しいし、優越しているとフランクリンは感じた。それは、他の側面から言えば、「論理的判断」である。そのことを、フランクリン自身の言葉で言えば、「客観性」とも言えるだろう。


チャーリーは私を危険な領域につれていった。私は客観性についての考えを拒否できなかった。（フランクリン、147頁）

実は、客観性は人間の能力ではとうてい達しえない高みである。人間はあまりに多数の偏見によって自己の人格を形づくっている（言語、人種、民族、出自、家柄、財産、学歴、経歴、社会的地位などなど）ので、そのバイアスからしか事柄を判断できない。ネット上にはき出されている多くの意見は、いかにもいい気な傍観者が高みに立って「知性的に」評論しているもので、ひとつの知の確定だけでも命がけの実行とそれを支える鍛錬がいるものだとは、夢にも考えたことのない人びとのツイート（ぺちゃくちゃ）であふれている。そこには、客観性はみじんもない。そうそう、自分で指摘しておきながら、今思い出した。ホモ・サピエンスはおしゃべり類人猿だった、それも客観性のないぺちゃくちゃの。

その客観的判断が犬にはできるのではないかと、フランクリンは考えるようになった。それは、フランクリンには「危険な領域」だった！

妄想に縛られる人、妄想と無縁の犬

ここまで来た！　つまり、ヒトという霊長類の末裔は、その巨大化した脳の使い方を誤り、常に妄想と幻とに怯えながら生きなくてはならなくなった。しかし、それを正すのは、イヌの客観性への確信であり、実在するもの以外は認めない強力な精神の力だった。だから、フランクリンは言う。

（犬は）すべて実際的な目的のために、一瞬から一瞬へと生きているから、彼（チャーリー）は不死なのだ。（フランクリン原著、2009、183頁）

これと対句になるのが、この文章に続く「これに対して人間は、遅かれ早かれすべての者がたどりつく先が見えるほど賢いので、他人が死ぬのを見ると心の底から震えるのだ」という一文である。『ハムレット』の有名な「生きるか死ぬか」という台詞は、ヨーロッパ人の持つ世界観が実によく示されていることで際立っているが、そこでは死への恐怖が色濃く表現されている。「生きるか死ぬか」の内省の果てに「生きるか眠るか」に行き着く。つまり、死ぬのは眠るのと同じだという思想である。しかし、そこでこそ幻想タイプの人間にとって、問題は大きくなる。

生きるか、眠るか。眠りの中では夢を見る。ああ、そこにこそ、つまずきがある。肉体の殻を脱ぎ捨てて死の眠りにある時、どんな夢にうなされるか分からない。それが、死を選ぼうとする私をたじろがせる。(『ハムレット』島訳)

どんな夢に悩まされるのかと悩むのは、妄想というものである。ハムレットのような内省型の人間の想像する「死」こそは、妄想の極致である。だが、フランクリンもはっきり書いているように、ヨーロッパ人にとっては、現実感覚である、それも震え上がるほどの。

それは……『死ぬ』(*gone*)という観念。
冷水を浴びせられるような観念だ。
『死ぬ』(*gone*)(フランクリン、221頁、原著182頁)

この妄想と幻想を、自己の精神界の第一位に置くタイプの人間には、客観性も論理も「死」の脅威の前にふっとんでしまう。客観性も論理も「人間の能力では到達しえない」と。

死が現実になると、もうわけが分からなくなる。(フランクリン原著、184頁)

この説明は、実に微妙なところにきている。

犬は他人をその「仕草、物言い、臭い」の全体で「客観的に」判断するが、人は「第一印象」というような「幻想」を判断基準にしている。それを糊塗するのが「知性的判断」である。むろん、「想像は事実よりも強い」(フルガム、1996のクレド。〈注7〉)のが人間なので、「知性的判断」など簡単に蹂躙できる。

死を考えたときの激情は、ヨーロッパ人に特有の心性である。この根本的な恐怖感情を処理するために、彼らには絶対神が必要不可欠となる。フランクリンは、神概念によって死概念を克服できるのだと説明する。つまり、そうすれば、感覚麻痺になるほどの恐怖の激情から逃避できるのだと。

デフォルトとはコンピューターのあらかじめの設定条件(初期設定)をいうが、デフォルトモードとはぼんやりと安静状態にある脳の状態で、この安静時にのみ活発化する脳の領域がある。このデフォルトモードとなった心では、その人のデフォルト(心の初期設定)が明らかになる。これは、人の心の根本にあるもともとの気分とでもいったもので、ヨーロッパ人の場合は「死(*gone*)への恐怖」である。日本人の場合は、「おくれることへの恐怖」だろうか? 子どもなら学校の、大人なら会社での他人との競争、同調その他どんな場面にでも、「おくれる」、「遅れる」、「後れる」ことに恐怖を感じる。だから、五〇代にもなろうというい大人が、それも官庁で長と呼ばれるほどの地位にある者が、「大学受験で遅れた、問題が解けないと、今でも夢に見るのです」と述懐する。

人間は他人に対する時、他の集団に対する時、このデフォルトモードから出発する。ヨーロッパ人なら「あなたは神を信じますか？」であり、日本人なら「あなたはどこに所属していますか？」である。人間のすべての判断はここから始まるので、客観性の入り込む余地はない。家に現れた人間が「税務署のものです」と言ったら、その人への反応は日本人なら即恐慌であろう。この場合は、社会的な優劣が「おくれ」感情を誘発するのである。

人間の第一印象は、このようにデフォルトモードから出発するので、他人に好意を持っても、恐慌をおこしても、それが客観的に正しいとは限らない。犬のチャーリーは、他人の見た目、愛想のよさに騙されない。愛想のよさという偽りの装いには、偽りの臭いやぎこちない動きがある。それは、チャーリーのような犬には明らかに分かるのだ。

ああ、そうだ！　若い女の子が、みかけのいい男にどれほど騙されやすいことか！　私などはそういう男を見た瞬間に「ああ、これはダメ！」と思うのだが、若い女の子やおばさんはそうではない。それを描くのが中島みゆきの『空と君のあいだに』なのだ（ちなみに、私の犬関係資料集のファイル名は『犬と空と君のあいだに』としておいたが）。

ともあれ、犬とともにいるということの意味は、人間にとって家畜と暮らすということのレベルではない。それは、心の共有関係に達する。

ここまで来ないと、イヌが犬にならないし、犬がそばにいる意味が見えてこない。ここまで来て初めて、ヒトが人間たり得た実証ができる。そのほかの犬の意味は、いわば付け足りに近い。あるいは、はるかに意味の浅いものだ。

しかし、さらに一歩を進めなくてはならない。犬の人間精神への影響は、ここにとどまらない。ここから踏み出すことで、言葉の始まりにまで至る道筋が見えてくる。

3　犬と人のコミュニケーションのかたち

犬と人間とは世界にたいして異なる感覚能力を持っているので、この二つの種の間のコミュニケーションは、繊細なものにならざるを得ない。

犬と人とがコミュニケーションを確立するために必要な行動には、いくつかの段階があるが、その究極の方法として、犬の調教師アンジェロ・ヴァイラ（動物と人間の関係改善センターのコーディネーター）は「相互理解のためのハイテク」として、犬のまねをすることを薦めている（ヴァイラ、2012、288頁）。犬が横を向けば、自分も横を向くというシンクロナイズした動きが、相互理解の決定的なカギであると彼は言う。そして、この自身が開発した方法の、生理学的な説明をミラーニューロン理論（注8）の研究者マルコ・イアコボーニに求めて納得している。

ヴァイラは犬の訓練士だから、狩猟に特化した犬の改良を考えているわけではない。また、かつての狩猟採集民の時代のように、犬と人とが、本来の生活の場でどのような声を出しあうのかを知りはしない。だから、まねをする項目の中に「発声法」はあっても、狩猟という生活の場での喜びの声を相互に確認することまでには至らない。ましてや、オオカミの声を通訳するイヌイットのシャーマンには至らない。どこまでも犬の性能向上のための一手段を解説し、その一部として「発声法」をあげているにとどまっている。

しかし、ここでは、さらに遠くへ行かなくてはならない。

犬は人の話し言葉を理解する

人間とコミュニケーションができるカンジというボノボを観察したサベージ＝ランバウは、子音が母音と組み合わされることで単語が形成され、その単語を聞き取ることは、人間以外の動物たち、犬やボノボにもできるという。ただ、人間以外では声道の構造のために、子音＋母音の単語を発声できないのだ、と。

人の話し言葉は、母音と子音から構成されている。母音は、感情そのものを表現する泣き声や怒鳴り声である。それはそのままでは、「あー」と言い、「うっ」と言っても、その音のもともとの感情である落胆や驚きを示すにすぎない。しかし、クリック音に近い舌打ちのような音だけの子音と組み合わされることで「あか」となり、もとの感情表現が中和され、あるいは失われて、話す言葉の単語は単にある物や事例を指すようになる。

母音と子音の混ぜ合わせによって、もとの音声の感情的な特性が一時的に中和され、言葉は記号として使うことができるようになる！

だが、その中性的な言葉を言語訓練されたチンパンジーや犬たちが「理解しているはずがない」という主張はずっと続いている。犬が自分の名前を呼ばれてやってきても、「呼ばれた名前が自分であるという認識を持っているという証拠は、そのかけらさえない」（ブディアンスキー、２００４、１２６頁）と断言する。

だが、それならなぜ、犬は人間の言葉を聞き分けることができるのか？　私にとっては、犬が自分につけられた名前を知っていて、その言葉が自分であるという認識を持っている、ということのほうが、あたりまえに思える。たとえば、こういうことがあった。

デューク大学では学内のあちこちで犬を見かけるのだが、「犬科動物行動研究室（ＤＣＣＣ）」にはでかいラブラドールがいるのは当然として、霊長類遺伝学の権威アン・ヨーダー教授の研究室に漆黒のシェパードがでんと坐っているのを見たときには本当に驚いた。二度とも教授がいなかったので、研究室を案内してくれていた日系の大学院生のイジさんからこのシェパードの名前を教えてもらって、二度目には「リール！」と呼んでみた。シェパードは瞬間、こちらを見上げ、「なぜ、お前がオレの名前を知っているんだ？」という顔をしたと感じた。この瞬間のシェパードの表情は、忘れられない。それは、最初に教授室の中を覗きこんだときに出会って無愛想と感じた、ごく無関心な表情とはまったく違っていた（写真8の下が「なぜ？」と見上げた瞬間）。

人間も犬もその耳は母音の違いを判別し、発声する個体によって決まる些細な周波数特性をとらえることができる。それはフォルマントと呼ばれる共鳴周波数である。こうして、犬は声を聞いただけで、誰が言っているのか、何を要求しているのかを瞬時に理解できる。

この犬の生まれつきの聴覚能力と嗅覚と仕草を見分ける能力、そして視線を感じる能力という総合的な知覚力（人間のそれよりも幅の広い感覚能力を駆使した総合能力）、社会生活を維持するための音声伝達をコミュニケーションの手段とする性格がなければ、人が何かを犬に伝えようとしても、とうていできなかっただろう。

写真8　デューク大学ヨーダー教授室のシェパード
教授室を訪問した際に見せた「にこりともしない」表情（上）と、翌日見知らぬ人間から自分の名前を呼ばれて「うんっ？」と頭をあげた瞬間（下）。この表情をどのように解釈するかは、この写真を見た人それぞれにゆだねたい。もっとも、写真は動画と違って表情を表すのはとてもむつかしいので、これだけで判断はできないかも。

視線を合わせることの威力

声やボディランゲージや指さしとともに重要な意思疎通の要素は、目と視線である。映画監督ヒッチコックには「言葉は雑音にまじって人の口から出る音にすぎない」という名言がある。「人は目で語りかけるのだ」(コレン、2002(2)、159頁)と。

外国生活の経験がある人なら「そう、そう」と理解してもらえるだろうが、二つないし三つの外国語が飛び交う会議の中では、費やされる莫大な言葉の多くは他人を惑わすための「雑音」に過ぎず、議題となっている問題について「それでいいのか、ダメなのか」、「それをやるのか、やらないのか」については、目と動作だけで十分に理解できるし、言葉を除いたほうが遥かに簡単に結論に達することができる。

スタンレー・コレンはオオカミの狩猟映像を分析して、彼が陸軍で受けた戦闘訓練と「恐ろしいほど似ていた」と語り、その攻撃が「音を立てずに行われる」という共通点を指摘している。(同書、234-245頁)

人間の軍事演習とまったく同じ手順で行われたオオカミ群の攻撃手法は、コミュニケーションの本質がどんなものであるかをはっきりと示している。動作、表情、視線を合成したものこそ、対象と意図だけを伝える道具としての最初のコミュニケーション手段である。

しかし、これは同種同士のコミュニケーションであり、同じ動作は同じ心を表している。異種間ではまったく別の問題が起こる。

チンパンジーたちは、人の視線や指さしの意味をまったく理解できないと言われている（Byrne, 2003, 347p）。むろん、これは実験室での観察であり、野外で出会う時、チンパンジーはこちらの視線を非常に気にして、木の幹を楯にして常に見えない側に動く。実験室の話はこと大型動物については、ほとんどあてにならないと思ったほうがいい。それでも実験室の環境下で、犬とチンパンジーの違いはあきらかだということが面白い。

ちょっとした食べ物を不透明な箱のひとつ（ほかにも空の同じような箱は置いておく）に隠し、それを見つめるか指さすことで食べ物を捜し当てる手助けをするという簡単な実験をする。人間の赤ん坊では生後一四ヵ月頃には、見つめたり、指さしたりする意味を理解できるようになる。犬もまたすぐにそれを理解するようになるが、チンパンジーは見つめることや指さすことの意味を理解できないという。もっとも、これもまた一般論で、実際はなかなか複雑である。

サウスウエスタン・ルイジアナ大学（現ルイジアナ大学ラファイエット）のダニエル・ポヴィネリらが行った実験（Povinelli et al., 1997）は、こんなものだった。ガラス窓を介して人とチンパンジーが向かい合い、人の側に不透明ボックスを二つ離して置いて、餌の入っている箱を、（1）指さすだけ、（2）見つめるだけ、（3）見つめて指さす、そして（4）アイコンタクトをして指さす、というやり方で、すでによく訓練されたチンパンジーがどの箱に向かうかを調べるものだった。七頭のチンパンジーの実験結果を見ると、指さすだけで一〇〇%分かるのもいれば、ほとんど分からないもの（二五%だけ）まで、実にさまざまだった。統計的にみて意味があるのは、（3）の「見つめて指さす」場

合で、これは七頭の平均が六三・五％で人間が示したほうを取ったという結果だった。（同書、435頁）

「見つめて指さす」ほどしっかり示してやれば、チンパンジーは五分五分よりはましな結果を出したが、それ以外の場合、人間が示したことをほとんど理解していないという結果である。

同じ実験を三歳の子どもたち二四人（実験らしく男女一二人ずつ）に試した結果は、実におもしろい。指さしただけで子どもたちは一〇〇％正解した。見つめるだけでは八〇％正解だが、指さしに見つめることを加えても、アイコンタクトを加えても、指さしだけの結果には至らなかった（同書、441頁）。人間の子どもにとって、指さすことがどれほどの意味を持つかを示してあまりある結果だった。

もっとも、指さすだけで一〇〇％分かったチンパンジーもいるのだから、グレイト・エイプスの個体差は、実におおきい。私たちは英米流儀の「自然科学」と「実験」の数量重視になれきっているので、数量が真実だと思いがちだが、たぶん真実はまったく別のところにある。

指さすだけで一〇〇％の正解率だったカラというチンパンジーは、指さしにほかの動作が加わってもこれほどの正解率にならなかったが、アイコンタクトと指さしを結びつけると、指さしだけの時と同じように完全な正解率だった。この傾向は、人間の子どもとほとんど同じだった。あるいは、カラはチンパンジーではなくて、ボノボだったのかもしれない。

人は自分たちヒトだけが世界を理解していると思っている。他の動物がどのように世界を見ていても、人間のように理性と高度な知力で観察し、理解しているものはいないのだ、と確信している。だから、他人の心を理解する能力を「心の理論」と呼んで、人間に特有の能力だと考える（たとえば松沢哲郎・長谷川寿一編『心の進化　人間性の起源をもとめて』、２０００、岩波書店など）。幼児でさえある程度まで成長すれば他者の心を理解するが、もっとも人間に近いはずのチンパンジーでさえそうではない、と。

しかし、オデュッセウスの愛犬アルゴスは主人の心を理解する。相手の行動を読み取って、適切な挨拶をすることはダーラムの犬にとってもふつうのことである。まして、主人に対して敵意を持った人間へは、その人間がどんなに愛想を振りまいても、その底意をたちまち見ぬいてしまう。

人の大脳は無用に巨大で、常時の妄想製造器となって自分のデフォルトモードにとらわれ、とうてい合理的と言えるほどの判断はできない。また人は、あまりにも視覚だけに頼るので（イケメンとか美女にどれほど弱いことか！）、客観的なものの見方にはほど遠い精神状態を続けている。しかし、犬はそもそも人間のように視覚だけにとらわれないから、もっとも根源的な感覚である嗅覚を基礎に視覚と聴覚の情報を加えて、対象の全体像について客観性のある判断をする。

「心の理論」を持っているかどうかをこの嗅覚ぬきに決めているのも、いかにも人間の「科学者」らしいところである。

オオカミは人間を振りかえらないが、イヌは振りかえる

ハンガリーのエトヴェシュ・ロラーンド（Eötvös Loránd）大学の動物行動学者ミクロシらは、人になれたオオカミと犬を使って、実験者が食べ物のある箱を指さしたとき、どのような行動の差があるかを研究した。もちろん、食べ物は見えないし、臭いも分からないようにしている。オオカミは犬と同じように訓練できるが、ある一点で差がある。

蓋つきの箱を開けて食べ物を取る実験とロープを引っぱって先についている食物を取る実験なのだが、そこにまったく同じ条件の第二実験を付け加えたのが、この実験を考えた人びとのアイデアのすごいところである。

犬とオオカミは同じように訓練を受け、同じように成果を挙げた。そこでブロック実験と呼ばれる第二の実験に入った。これは訓練とまったく同じ仕掛けが見せられるが、解答がない。つまり、訓練されたとおりにやっても箱の蓋は開かないし、ロープをひっぱってもロープは動かないので、食物にはありつけない。

訓練されたとおりにしようとしても、うまくいかず食べ物が取れない時に、犬とオオカミはどうするか？　犬は実験者を見るが、オオカミは見なかった。もちろん、オオカミがまったく実験者を見なかったわけではないが、そこにはあきらかに違いがあった。

犬は餌をとろうとする試みを一分間続けたあと人を見つめたが、オオカミはそばにいる人を無

視した。（Miklósi et al., 2003, 764p）

彼らはこの犬の「人に似た（human-like）」コミュニケーション行動こそが、犬の家畜化に至る重要な心理的な要素ではないか、と言う。目は心の窓なのである。

4　犬の合理的思考で窮地を脱する

石井さんからの手紙

ここで、ふたたび石井勲さんに登場してもらおう。彼から久しぶりに、かなり長い手紙が届いた。

今日はなごやかで絶好の狩日和。イノシシの寝屋を予測し、退路を断って犬を放す。一五分もしないで、イノシシが耐えきれず飛びだした。谷を追われ下ったイノシシは、ダムの遊歩道で犬に動きを止められて格闘していた。イノシシは犬の包囲網を突き破って、ガードレールを跳び越えてダムの中にドッボーンととびこむ。犬たちもつぎつぎにダイブして、ドボン、ドボンとダムの中へ。対岸まで約三五〇メートル。

水中ではイノシシは強い。犬を呼び戻すが、一頭は馬乗りに食らいついて離れない。イノシシ

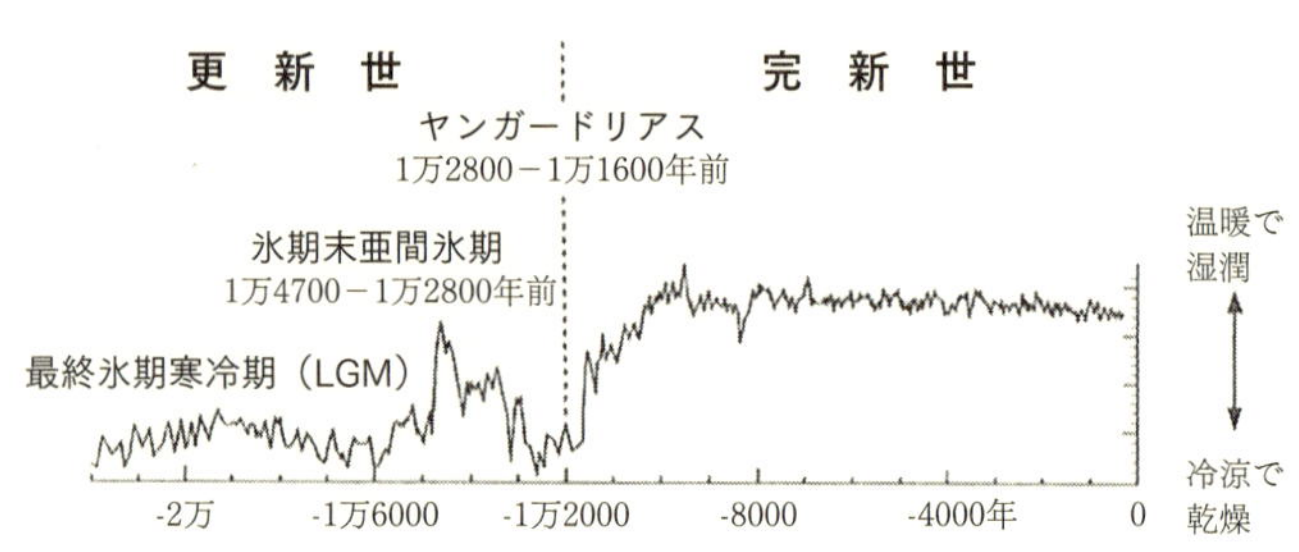

図19　最終氷期末の気温変化（ベーリンガー、2014より作図）
氷期最末期に極端な寒冷気候があったことを示す。

は浮きつ沈みつして、浮き上がるたびに鯨よろしく鼻から水を噴き上げて、対岸に向かっている。

対岸には散歩する人びとがいて、この様子を見て騒ぎ出したので、人が嫌いな犬はイノシシの背から飛び降りて、さっさと元の岸へ戻る。イノシシも上陸寸前に見物人が騒ぐので、水輪を残して大きく迂回し、犬がいなくなって軽くなったぶん器用に泳いで元の岸に戻ろうとした。

岸にあがるところは竹藪の一ヵ所。静かに待つ、距離五〇メートル、絶対に外す事はない。

イノシシが竹藪に前足をかけ、ヌーッと伸び上がり、後ろ足を着地した。銃のトリガーを絞りこむ。瞬間、目の前を音もせず、黒い線が霧のように抜けていく。犬だ！　脳が反応する。極度の緊張のプレッシャーを解放する（銃を撃つ瞬間の集中解除――引用者）。

あれほどまで激しく騒動していた犬たちは、イノシシが上陸するまで気配をみごとに消し、ジイーッとイノシシを監視していたのか。陸地にあがった瞬間に間髪をいれず襲うことは、洋

犬やそこらの和犬にできることではない。ふたたび水際の死闘（二〇一三年三月三日。このイノシシは八〇kgあったとのこと）

オオカミの南下亜種イヌが、ヒトのユーラシア大陸東部への進出集団と出会った時、時代はまさに氷期だった。ふたつの種が出会った時、周囲の環境の厳しさが背景にある。

私が空想するように最初の出会いがエイヤワディ川付近であれば、現在の日本の気候に近い温暖さが期待できるが、そこから日本列島へ向かったヒト集団が経験するのは、氷期の大陸であり、日本列島さえ山岳氷河に覆われていた。その環境は現在のアラスカから想像するしかない。

「アラスカでは、命を守る鉄則は犬から決して離れないこと」

一九二七年当時、アラスカのノームの町では、住民の大多数は自家用の犬橇を持っていた。そこでの「命を守るための鉄則は、犬たちから決して離れないこと」だった。（ソールズベリー、2005、97頁）

この厳寒で知られる土地で、郵便配達人の犬橇チームは常に死と隣り合わせで走っていた。アラスカで初めて電信線を建設したウィリアム・ミッチェルの見たもっとも悲惨な例では、氷穴に落ちて橇が失われた郵便配達人は、膝をついてマッチ箱を抱え、マッチ棒を咥えたまま凍死していた。ほかの犬たちはすべて逃げていたが、雑種のニューファンドランド犬のリーダーだけは郵便配達人の傍らに坐っていた。犬の足は四本とも雪に氷つき、凍傷がひどく、ミッチェルにできることは、銃で苦しみを短くすることしかなかったという。（同書、１５９頁）

この「犬の国」では、気温は零下五五℃までも下がる（最低記録は零下六二℃）。しかし、気候は気温だけではない。風速一ｍで体感温度を一℃下げるとされる（注9）。

私は寒さが苦手なので、零下五五℃を語る資格はない。一九七九年に越冬するニホンザルの撮影に行った時に、阿寒の出身で東北大学山岳部だった足澤貞成さんが緊急避難を警告した嵐の経験くらいである。

足澤氏（当時京都大学霊長類研究所の下北研究林研究員）は『危険だ、すぐ山陰にはいろう』と稜線から皆をせき立てておろした。このような風だと数十秒間素肌を曝しているだけで凍傷にかかるという。時に、天地が暗くなるほどの荒れ模様である。

この時、下北半島で越冬する野生のニホンザルを日本で初めて16ミリカメラで映像撮影したので、毎日新聞東北版八月二九日に写真入りの記事が掲載されている。「ニホンザルは零下五度以下になると動かなくなるのは新発見」ともある。

私たちが経験したのは、体感気温零下一五℃くらいの暴風雪だったが、それが霊長類としては北限の寒さである。つまり、ニホンザル程度のやわな毛皮や人間の裸の皮膚では、ここが生存限界である。しかし、アラスカはそれどころではない。零下五五℃でも「比較的快適」らしいが、強風は「残忍で、意地悪く思える」という。（同書、186頁）

それでもベテランの犬橇操縦者（マッシャー）は「犬が元気なら人間も元気……犬の足が元気なら犬も元気だ」と自信を持って語る。（同書、214頁）

アラスカの旅をする者は、凍った川を犬橇のルートにする。しかし、凍った川にはオーバーフローとドラムアイスというワナが待ち受けている。前者は急速に凍ってできる壊れやすくすべりやすい氷の殻であり、後者は氷の下の水が引いて空洞になって、上に乗ると太鼓を叩くような音がする落とし穴である。

ドラムアイスでの遭難は手遅れになる場合が多く、犬橇が六mも下の川底まで落ちてしまうこともある。たとえそこで生き残っても、犬が逃げてしまうとミッチェルが見た郵便配達人のように、凍死を待つしかない。

頼りはリーダー犬の頭脳

この非常の時には、すべてを任せるに足るリーダー犬だけが頼りとなる。しかし、犬は人間と同じように個性があり、頼りになるものもまったくあてにならないものもいる。

ドラムアイスに放り出され、ただひとりで氷穴の地獄に取り残されたアラスカ連邦副保安官バート・ハンセンは、犬橇を曳いて戻ってきて穴の縁に現れた橇犬のリーダー「チューズデー」に「一〇マイル離れた小屋にすむワナ猟師のところへ行け」と指示した。
このリーダー犬が主人の言葉を理解しなかったなら、彼は死んでいたはずである。

彼はそれに応えるように吠えると、指し示された方角を振り返り、もう一度わたしを見下ろした。わたしの考えを読み取ろうとするかのようだった。（同書、215頁）

そのように犬の表情について、ハンセン保安官は後に語っている。

主人の考えを理解したチューズデーはチームを引き連れて駆け出す。

ハンセン副保安官は待っている間に「異様なほどのパニックに陥り」、川底の石を掘りだして氷の壁を叩き、段にして足がかりを作ろうと、あがきまわった。往復三〇km以上の距離だったから、何時間後のことだっただろうか？　ハンセンが精魂尽き果てたまさにその時、チューズデーと犬橇チーム、そしてワナ猟師が現れたのだった。

「アラスカ住民がチューズデーのことをわたしの〝頭脳〟と呼び、わたしが成し遂げたいくつかの犬橇旅行も、彼がいたからこそ可能だったと言うのも、驚くことじゃないだろう？」と、ハンセン保安官は著者に語っている。（同書、216頁）

優秀な犬は主人の言葉を理解するだけでなく、全体の状況からもっとも適切な解決策を選び、しかもそれを実行する能力を持っている。まさに主人の〝頭脳〟なのである。

一九一〇年のオールアラスカ・スイープステークス犬橇レースで七四時間一四分一七秒という一九九九年時点でもなお破られていない記録を立てた鉄人ジョンソンは、レースの途中で雪盲になった。彼は橇に体を縛りつけて、リーダー犬の青い眼のシベリアンハスキー「コリマ」にデス・バレーを突っ切るすべてを託した。ゴールした彼は「わっ」と泣きだし、「コリマ」に勝利の花輪をかけて「レースに勝ったのはわたしじゃない。このリーダー犬だ！」と叫んだのである。（同書、105頁）

「犬が論理的に思考できないなんて」

ノームでもっとも有名な犬橇のドライバーで、オールアラスカ・スイープステークス一九一一年、一二年の優勝者スコッティ・アランは「犬が論理的な思考をしないなんて、どうして言えるんだ」と言った。（同書、242頁）

氷上の危険と任務の貫徹と主人を含めたチームの安全とを常に計りながら走り、ゴールをめざすリーダー犬の資質は、勇気と体力と統率力、そしてなによりもその論理的思考だという実感である。

一九二五年には、ノームの町の生死のカギを握ったのは、犬橇チームが運ぶジフテリアの血清だった。一九七三年からはこのルートをたどる一九〇〇㎞という世界最長の犬橇レースが開催されるようになり、「アイディタロッド犬橇レース」と呼ばれる。アイディタロッドはアラスカ先住民の言葉で

写真9　ユーコンを走りぬいた犬橇グループの先導犬バルト像（ニューヨーク・セントラルパーク）
このバルト像はいつも人が触っているので、尻尾も背中も耳も銅の色が輝いている。1925年ベーリング海峡に面したノームの町で蔓延したジフテリアの血清を運ぶために1085kmの道のりを127時間30分（5.3日間）かけて、20の犬橇チームが継走した。最後の区間を走った犬橇のリーダーがこのバルトである。しかし、最長最難関の区間を走ったのは、マッシャーのレオンハルト・セッパラとリーダー犬トーゴのチームだった。トーゴは日本海海戦の東郷提督からつけたという。

「遠い場所」を意味する。

　このレースで優勝したチームの一九九九年の記録がある。この年の気象条件はまれにみるほど過酷だった。

　出発地点から一〇〇〇km以上進んだユーコン川の幅八〇〇mもある凍結した広い河面で、トップを走っていたダグ・スイングリー（一九九五年にも優勝）のチームを猛烈な暴風雪（ブリザード）が襲った。極低温の世界では強風そのものも悪魔の爪のように恐ろしいと言われているが、もっと恐いのは雪が吹きあげられてなにひとつ見えなくなるホワイトアウトだ。この中では、前後左右が見えないだけではない。上下の感覚もなくなるまっ白い地獄である。

　北部を探検するすべての者にとっての悪夢、ホワイトアウトにつかまったのだ。ルートがどこにあるのかダグにはわからない。方角を見失い吹きさらしの氷上で命を落とした旅人の話は一度ならず聞いている。リード犬のストーミーが川岸に向かい始める。ルートが見つからないのだ。……『無』を見つめながら、マッシャーはチームのそばに立ち尽くす。（ウェイズボード&カチャノフ、2003、222頁）

ブリザードにおびえて雪の中に横たわる犬たちの中で、しかし、一頭だけはマッシャーダグのかたわらに立っている。それがエルマーだった。彼は一九九五年のレースでは、ダグのチームのリード犬で、九日間二時間四二分一九秒の歴代最高記録をたてた。この過酷なレースの最中でも、橇を曳きながら前方を飛ぶカラスを追って跳びあがる飛びぬけた遊び好きのタフな犬だ。このレースのリード犬ストーミーは彼の娘であり、彼はこの年八歳で、このレースに出た橇犬中最年長だった。この年齢を考えて、ダグはリード犬の後ろにエルマーをつけていた。

エルマーは「自分ならこのホワイトアウトの中でも道がわかる」と、ダグの目を見た。

ダグはエルマーのハーネスをはずし、リードの位置につけなおす。エルマーが綱を勢いよく引っぱり、ほかの犬たちが立ちあがる。……チームとレースの行方は今やエルマーの双肩にかかっている。躊躇することなく自信に満ち、この並外れたアスリートはチームを再び河沿いに、白い大渦の中へと導いていく。……風と雪のカオスの中ではダグの声は吹き飛ばされてしまい犬には聞こえない。自分とエルマー、互いの理解と信頼に、生き残れるかどうかがかかっている。（同

書、223頁）

アラスカの真冬の道は川の岸ではなく、川の中央にある。ホワイトアウトの中でも経験のあるリーダー犬エルマーは道を見失うことはなかった。このレースではホワイトアウトの中を突き切った唯一のチームとして凱旋することができたのだった。

ホワイトアウトは極地の冬では、避けられない災難だった。

自宅から数百ｍのところで、突然の嵐に出会ったエスキモーの老女の話がある。彼女は視界が数十㎝の雪嵐の中で、近くで見つかるはずの家を探し回って体力を消耗することはなかった。風を避け、体力を温存するために眠り、寒さで目覚めれば飛び跳ねて血のめぐりをよくした。それを七〇時間にわたってくり返し、ようやく嵐がおさまった時、自宅はすぐそこに見えた（ソールズベリー、2005、186－187頁）。彼女の心には、吹雪をやりすごす犬たちの姿が見えていたにちがいない。「私もあのとおりにすればよいのだ」と。

氷河周辺域での現実のホワイトアウトと妄想のホワイトアウトとが一致した時、人間は絶望する。しかし、現実のホワイトアウトには合理的に対応するしかないことだけを知っている犬は、妄想に惑わされず、的確な判断によって自分と主人とチームの命を救う。この極限状況になって初めて、人は犬によって合理的判断が有用であることを学ぶ。

反対に、現代社会では合理的に判断することは皆無に近い。それは、原発ひとつとってみても明らかだ。それが爆発すれば、その地域の人間社会は未来永劫に復活できないことが分かっていて、炉心崩壊を予防する手段をつくさなかった人びとがいる。彼らは極限の状態を予測できないのだ。その施設によって法外な利益をあげていた組織の最高責任者らは、この災害を「想定外」とうそぶくのだが、それは自分たちが開発し管理していると思っている原子力に対する無知というよりも、人間そのものが、あるいは日本人が、合理的に判断できない生き物だからである。あるいは、犬との生活から離れすぎたからかもしれない。

私は大学や学界と称する人間たちの集まりの中で、合理的な判断をしている人物にめったに出会ったことがない。彼らの多くは文科省や理事会など大学管理組織の意向と学界有力者の動向に注目しているだけで、学問を構築する合理的な方策を模索しているわけではない。

「最古の土器は日本製」とよく言われるが、東アジアではほとんど同時期に中国南部（一万八〇〇〇年前あるいは二万年前とも）、シベリアと日本列島（一万六五〇〇年前　青森県・太平山元Ⅰ遺跡～一万二〇〇〇年前　愛媛県・上黒岩岩陰遺跡）で土器が使われるようになっていた。その年代はメソポタミアの一万年前よりも明らかに古い。土器は煮炊きによって食物を決定的に変え、消化と衛生の夢を同時にかなえる万能の道具だったが、日本列島に入ってきたわれらが父祖は、そのうえに犬も連れていたはずである。

それは最終氷期の一万六〇〇〇年前だったし、日本列島に入るルートはシベリア経由だから、現在のアラスカ以上の厳しい冬を乗り越えてきたはずである。その時、アラスカの犬橇チームで見られたような有能なリーダー犬の識別と選別は、人びとの生きのこりに決定的な意味を持っただろう。

5　極限を超える旅の道づれ

アムンセン隊とスコット隊の南極遠征

ノルウェーの探検家ロアール・アムンセン（一八七二―一九二八年）は、四人の隊員を率いて一九一一年一二月一四日に南極点に達した。これは人類の南極点到達の最初の記録であり、イギリス海軍大佐ロバート・F・スコット（一八六八―一九一二年）の率いるイギリス遠征隊に先立つこと五週間前だった。スコット隊は南極点到達後に遭難して全員死亡したが、アムンセン隊は全員無事帰還した。両隊の明暗を分けたのは、犬だった。

一九一〇年八月九日、南極点への遠征に出発する時、アムンセンは一一六頭のノースグリーンランド橇用犬を集めていた。

一九一一年一月一四日、半年の航海を終えたアムンセン隊は南極に到着し、クジラ湾（ロス海）でフラムハイム基地を設置した。わずかに遅れて、二月三日にはイギリス海軍の南極遠征スコット隊のテラノバ号がクジラ湾に到着し、両隊が出会った。

この時、アムンセン隊からスコット隊へ犬を譲ろうという提案があったが、スコット隊は断った。一九〇一年の南極遠征の時に「犬は言うことを聞かないから役立たなかった」というのが、イギリス隊の主張だった。

「犬が主人を理解できないということがあるだろうか?」と、アムンセンはその日誌に書きこんでいる。(カリック、1967、28頁)

一〇月一五日(一九日とも)、アムンセン隊五人は四台の橇に五二頭の犬を連れて南極点へ出発した。

一〇月二四日、スコット隊のウーズレー社製雪上車三台のうち二台が南極点へ向け、先遣隊として出発し、一一月一日、スコット率いる本隊は馬橇(馬の合計一九頭)と犬橇(犬の合計三三頭)で出発した。雪上車は一週間足らずで修理不能の故障を起こし、馬も寒さと疲労と餌不足で出発後まもなく立て続けに死亡した。

スコット隊は、既知の西ルートを選び(未知の部分一五五km、総延長一五〇〇km)、アムンセン隊はそれまで誰も行ったことのない未知の東ルート(総延長一一五〇km)を進んだ。アムンセン隊は、黒い旗竿を目印としたが、旗竿の間に道標として干物のウナギを棒状に凍らせたものを使った。(同書、151頁)

アムンセン隊は、南緯八五度三六分、アクセル・ハイバーグ氷河の頂点(標高三二〇〇m)で生き残っていた四五頭の犬のうち一八頭を南極点への三台の橇の動力とし、その他の犬を食料として屠った。「われわれはその場所を肉屋と呼んだ」とアムンセンは日誌に記録している。

一二月二日、スコット隊は最後の馬を射殺し、四人一組の橇三台、犬橇二台で南極点を目指す。

一二月一四日、アムンセン隊、南極点に到達。

一九一二年一月四日、スコット隊は南緯八七度三二分の地点で二隊に分かれ、スコットほか合計五人が徒歩で南極点を目指し、一月一七日に到達。

一月二五日、アムンセン隊は五人全員無事で、クジラ湾のフラムハイム基地に戻った。連れていった五二頭の犬のうち一一頭が生還したが、犬たちは出発前より体重が増えていた。

三月二九日までにスコット隊五人全員が遭難し、死亡した。「家族の面倒を見てやってほしい」と書いたスコットの三月二九日付の遺書は、あまりにも有名である。六ヵ月後、英国海軍の捜索隊はようやくスコットら三人の遺体を発見した。

生死の差は犬

アムンセンとスコットの南極点到達競争とその成功と失敗の差の要因については、詳細に検討されている。馬を使ったことは、スコットの判断ミスだったし、防寒着の差（アムンセン隊アザラシの毛皮、スコット隊牛革）も歴然としていた。スコット隊では極点を目指す五人目は急遽増やされたもので、もともと四人の計画だったために、テントは四人用だった（スコット隊の様子を描いたいっしょに遭難したエドワード・A・ウィルソンのスケッチを見ると、三人でも膝をまげて坐るほど狭い！）。これに対して、アムンセンは三人用テントを改造して五人が休息できるテントを作っていた。

全ての要因の中でも、両隊の犬の数の差は決定的だった。アムンセンは一一六頭を用意し、スコット隊に譲ることとさえ提案できたが、スコット隊の犬の数はその四分の一（三三頭）だった。「アムンセンとスコットの差は犬」であり、それは「生死の差」だった。

イギリス隊には犬橇の専門家はまったくいなかったが、アムンセン隊では三人もいた。「独自の方法」を開発し、「有用なアマチュアの獣医になった」とアムンセン自身が評価するほどの人物、オスカー・ウィスティング、「最高の犬橇御者」と評価されたヘルマー・ハンセン、そして極地航海に経験を持つ犬の専門家スベア・ハッセルである。

アムンセンは医者でこそなかったが、大学で医学を学んでいた。人体についての生物学的医学的な知識がなければ、探検はできない。人知と体力の限界を超えるからである。

アムンセンは書き残している。

「大いなる勝利とはときとしてつまらなくみえる一群の成果から得られるものである」（同書、164頁）。その「つまらない」一群の中には、毎晩靴下を脱いで乾かすことから始まり、犬肉（血も使った）を含めた十分な食事、休養、娯楽、そして道標にウナギの干物を使うことまでが入っている。彼は「仲間の提案はきちんと書きとどめておき、月ごとにまとめてもっとも現実に即した意見を出したと分かったものには、銀時計か書物とかの商品を贈った」最高の指導者だった。（同書、46頁）

究極は戦場である

アフガニスタンの戦場で先頭にたつのは、あらゆるところに隠されたＩＥＤ（即席爆弾）を探しだす軍用犬である。この爆弾捜索犬はリードでハンドラーの兵士とつながれている。ＩＥＤを発見して知らせた犬を、ハンドラーは静かにしっかりと褒め、黒いコングを投げて与えて賞賛の証とした。コングは、一九七〇年代に開発された超強力なゴムでできた「三つの大きさのボールをぎゅっと合わせた雪だるまのような」形で、地面に落とすと不規則にはねる犬用の玩具である（写真10）。中は空洞になっているので、その中に犬の好きなおやつを入れることもある。「狩猟本能の強い犬にとって、コングは一〇〇万ドルの褒賞に匹敵する」と語るハンドラーもいる。（グッダヴェイジ、２０１７、１４０頁）

ＩＥＤにはさまざまな種類があり、戦場の爆発音の中で捜索することにもなるから、爆弾捜索犬の訓練は並大抵ではない。アリゾナのユマ試験場で行われる戦場への派遣前訓練では、実戦さながらの場所と環境が準備され、犬とハンドラーが鍛えられる。

当時四歳だったジャーマン・シェパードのレックスＬ２７４は、誰ともうまくいかない、怒鳴られないと何もしない、まったく言うことを聞かない犬だった。わずかに女性ハンドラー、アマンダ・イングラハム陸軍三等軍曹の指示だけは、どうにか聞いた。そして、転換点が来る。

地上から六ｍの高さの歩道橋の上にいたレックスをイングラハムが呼んだとき、ふつうの犬は階段を走りおりてくるが、レックスは六ｍの高さをものともせず、イングラハムのところへまっすぐに飛び降りてきた。それを見た上官は「そいつはお前の犬だ」と言い、彼らは生死を共にするペアとなった。

しかし、レックスは訓練ではいつも、爆弾の真上までイングラハムを連れていった。このペアでイラクへ派遣されることが決まって、派遣前訓練が始まったが、このレックスでは生きて帰れる見こみはない。

だが、もうひとつの決定的転換点がくる。

ある日、レックスはまたしても、イングラハムを練習用ＩＥＤの真上まで誘導した。イングラハムは怒鳴り、もっと嗅ぎなさい、ちゃんと嗅ぎなさいと迫った。レックスは何もしなかった。ストをおこしたように、ただ座り込んだ。「それでも、ひたすら怒鳴ったわけ。『どうしちゃったのよ！　優しく指示しろというの⁉』」。どうしてそう口走ったのかは分からなかった。おかし

写真10　軍用犬とハンドラーが持つコング（2018年5月、デンバー空港にて）
デンバー空港でたまたま出会った軍用犬だった。ハンドラーは実に親切な若者で、写真撮影に気軽に応じてくれただけでなく、コングとはどんなものかまで教えてくれて使い方まで見せてくれた。口輪をはめられてジッとコングを見ている軍用犬がかわいい。

なことだ。レックスは怒鳴らなければ、何もしない犬なのに。

でもイングラハムは、自分に耳を傾けてくれる人に対するような、丁寧な言い方に変えてみた。「レックス、ゲット・オン」。自分から離れて、次の爆弾を探す指示だ。すると、レックスは言う通りにした。「ゲット・オーバー」と言えば、レックスはイングラハムの腕が指す方へ、右へ左へ動いた。「ジス・ウェイ!」と言えば、走って戻ってきた。イングラハムは、ショックを受けた。そして興奮した。レックスも誇らしそうだった。以降、イングラハムが声を荒げることは、ほとんどなくなった。……コンビは、共通の場に立った。同じ言語で話し始めたのだ。(同書、251頁)

同じ言語で話し始めた! ここに言葉の起源がある。
しかし、言葉の問題から離れて軍用犬を見ると、これほど人を守っているにもかかわらず軍用犬の末路は必ずしも安泰ではない。英軍に所属してアフガニスタンに派遣され、爆発物探知で活躍した軍用犬、ケビンとダズ(九歳のベルジアン・シェパード)が殺処分されることになったことに抗議して、元軍人たちが「殺処分中止を求める署名サイト」を二〇一七年一一月三〇日に立ち上げた。しかし、イギリス国防省は「残念だが、これは不可能なケースだ」と回答した。(東京新聞、二〇一七年一二月二日)
この英国防省の発表に、当然猛反発が起こった。英軍元兵士らが「今度は私たちが彼らを救う」と立ち上げたサイトでは、四日間で賛同者署名三七万四〇〇〇筆となり、英国国防相は二頭と面会して「彼らには明るい未来がある」と語った（東京新聞、二〇一七年一二月七日）らしいが、英国で殺処分される軍用犬は年間二〇～三〇頭になる。

第四章

「ことば」はどのように生まれたか

猟に成功したとき、犬がなんとも言えない声でなくんだ。「ウォーアォー」というような。それと同じ声をこちらが出すと、犬たちはシッポを振ってすりよってくる。（石井勲）

1　「ことば」とは何か？

もっとも古い身ぶり言語

「ことば」を、自分の「思い」や「計画」を相手に伝える手立てだと仮定すれば、音声と身ぶり（手話、サイン）と文字（記号）の三つの言語に分けて考えることができる。私たちはシンギング・エイプなので、どうしても音声言語をことばだと思ってしまうが、実際には身ぶり言語は音声言語と同じように、ホモ・サピエンスの起源と同時である。決定的に新しいのは文字言語であり、その起源はせいぜい五〇〇〇年前で、その普及とともに人間に自己意識が生まれ、まったく新しい歴史が始まることになる。

文字言語は人間の意識をつくりだしたが、文明が継続するかどうかも文字にかかっている。

文字は人間活動の時空間を支配しようとする王朝の意思と、認識能力を超えた広大な平原の相乗効果で作り出されたのだ。伝搬距離が限られ、1秒もしないうちに消える音声と比べて、時空間に遍在する安定性に文字の真骨頂がある。（得丸、2017）

「意思と空間」を軸に展開される得丸久文（とくまるくもん）の文字起源論には、怪しいほどの迫力がある。それは彼が学生時代にスラムで暮らした南アフリカを始めとして、長年の勤務地だったヨーロッパはもちろんエジプトやメソポタミア、そしてインド亜大陸の広大な地平線を見てきた経歴によるのかもしれない。モヘンジョダロ遺跡（パキスタン南東部）は紀元前二五〇〇年から前一八〇〇年にかけて栄え、突如崩壊したインダス文明遺跡である。その突然の文明崩壊は「言語的継承が途絶えて、文明が失速した」と得丸は考えている。

文明とは、文字情報の継承と発展によって生まれた言語的現象である。（得丸、2017）

こうして、私たちは言語の全体像をおぼろげながら見通すことができる。身ぶりをベースとする言語はもっとも古く、人間と犬との間では、人の指さしに対応する犬の尾の振り方や耳の上げ下げ、そしてお互いの視線だった。音声言語はヒトとイヌのひたすらなおしゃべりの中から種間のコミュニケーションを正確化する音声合図として始まり、体系化された。文字言語は偶発的に生まれるものではなく、「王朝の意思と大陸空間」によって作り出され、系統的な学習とそれを支える社会的に整備された教育組織を必要とする。これを維持できなかった文明は滅びるだけである。

この三つの言語はそれぞれ特有の性格を持っているので、別々に分けて考えなくてはならない。多くの言語学者の議論は、ことにチョムスキー学派においては、これらをごっちゃにして扱っているために、非常に難解で乱雑なものになっていると、私には思われる。

ここでは、文字言語ではなく、音声言語の起源について焦点をあてていきたい。そのためにも、同じほど古い起源を持つ身ぶり言語についてまず調べておこう。

ジュリアン・ジェインズは、石材を割って石器を作るときに言葉は役にたたないと言い「原始人は話し言葉を持っていなかった。……言葉などいったい何の役にたつだろうか」（ジェインズ、2002、160-161頁。傍線引用者）と断言する。たしかに、自転車に乗るときにも、いろいろな道具を使うときにも言葉は役に立たない。しかし、その「ことば」に身ぶり言語を含めると、石材を割って石器を作るときにも、自転車に乗るときにも、「見本やお手本」が助けになるはずであり、十分に「ことば」が役に立つ。

「身ぶり言語」は手話において、音声言語とまったく同じ精密なレベルに達するが、手話がどのように生まれるかについて格好の例が現代にある。「ニカラグア手話」である。

ニカラグア手話と「身ぶり言語」の可能性

「ニカラグア手話」は、一九七〇年代末から八〇年代にかけて南米ニカラグアの聴覚障害者たちによって自発的に作られた。サンディニスタ革命（一九七九年）によって、聴覚障害者のための特別教育施設がもうけられ、数百人の子どもがそこに集められた。その施設では手話は教えず、スペイン語教育のための指文字と読唇術を教えていたが、スペイン語を習得する上での成果はなかった。スペイン語での会話ができないので、子どもたちは身ぶり手ぶりで共通の手話を発達させていった。

子どもたちが始めた手話は、最初は文法もないいわゆるピジン語のようなものだったが、一九八〇年代前半には学校の教師たちが注目するまでに完成度を高めていた。手話を覚える子どもたちがふえるにしたがって、はるかに精密で成熟したサイン言語「ニカラグア手話」を完成させたのである。ニカラグア教育省が手話言語学者を招聘し、この手話を研究させたために、この新しい手話言語の誕生が明らかになった。

この手話の成立経過は、言語は子どもたちだけでも完成させることができるという点で、ことさらに注目される。つまり、人間は生まれつきの言語能力を持っている。しかも、「音声言語なしに」完成した「ことば」を生み出すことができる能力を持っている。これは、同じ種では同じ身ぶりは、同じ心を示すということにほかならない。

「手話言語」は、人間のようには話せない類人猿たちに手話を教えて「会話」しようと考える研究者を生み出した。それは、同じ身ぶりが同じ心を示すとは限らない別種の間での、手話という言語を用いての相互理解の可能性を探る壮大な計画だった。

種間会話での手話の可能性をはっきり示したのは、メスゴリラのココ（本名はハナビコ＝花火子だそうだ）の研究だった。

ココは四歳三ヵ月で、一六一語のサイン語を使うようになった。これは三歳の健常児の一〇〇〇語の六分の一、難聴者が使うサイン語の五〇〇語から一〇〇〇語の半数以下だった。ココはアメリカ手話（アメリカ合衆国やカナダの英語圏で使われる手話で、アメスランとも呼ばれる）を学んだが、四歳の時にはすでに多くの名詞のほかに、「よい」、「悪い」、「はずかしい」などの感情を示す言葉を八個以上、「すべて」、「回り」、「外に」、「上に」、「同じ」など概念用語を六個以上、「ほほえむ」、「たずねる」、「追う」、「する」、「しない」などの動詞を一五個以上使うことができた。（パターソン&リンデン、１９８４、１１７－１１８頁）

二〇〇二年、三一歳になったココは約一〇〇〇個のサイン語を覚え、毎日一〇〇語以上の単語を使った。難聴者と同程度の数の単語を利用するようになっていたのである。

可愛がっていた子ネコが死んで数週間後、その子ネコに似たネコの写真を見せた時、ココは「ナクカナシイ　イヤナキブン」と手話で話した。その表情と手話の写真があるので、ココがどのような感情で、この話をしているかがよく分かる。（パターソン、２００２、25頁）

自分自身のことを尋ねられて「ステキナ　ドウブツ　ゴリラ」と答えたのは、彼女の自己意識の高さを示している。ゴリラにとって人間は「ステキナ　ドウブツ」とは言えないのだろう。実際に野生のゴリラを間近で見る体験をした者は、ゴリラが人間以上の精神性を持つ存在であると感じるだろう。

野生のゴリラは「イエス」と「ノー」を表す、人間にも分かる音声言語をもっている。その音を「ゲップ音」と呼んだりしているが、人が真似することもできる。口を噤（つぐ）んでできるだけ低い声で

「ウッ、ウーン」と言えば、「イエス」であり、同じ声は「そこに行ってもいいか?」にもなる。否定の場合は、驚いた時に人の出す「あっ!」に近い声であり、これを「アッ、アッ!」と連続させると、はっきりと「ノー」と意思表示したことになる。

ガイドがやぶの向こうにいるゴリラに「ウッ、ウーン」と尋ね、ゴリラが「アッ、アッ」と返事をしたのを聞くと、人とゴリラが対等に話をしていると感じないわけにはいかない。

人間の側が謙虚に研究すれば、ゴリラの言葉はそうとうに深いものであることが分かるだろう。

私は日本人唯一のマウンテンゴリラの名づけ親なので、このようにゴリラを擁護する義務と資格を持っている(ちょっと偉そう)。その子は、カリシンビ山中最大の群れ「スサ群」で二〇一一年に生まれたオスであり、私の選んだ名前は「イホホ(たぐいなき美しさ)」だった。

ことばは何の役に立つだろうか?

ニカラグア手話で分かるように、人間たちは手話だけでコミュニケーションができるのに、なぜ音声言語を使うようになったのだろう。

もちろん、人間は生まれつきの発声能力を持っているうえに、騒々しいまでの「シンギング・エイプ」だったので、人類進化の早い時期に音声言語を完成させていただろう。だが、音声言語が先史時代に優勢だったとは限らない証拠がいくつかある。

第一は、ジュリアン・ジェインズが「二分心」と命名した、物事を決定する神の声を聞く心の存在である。第二は保茢実が描くオーストラリア・アボリジニが物事を決定するときに従う「正しい道を教えるドリーミング（祖先神）ジュンダガル」の存在である。

ジェインズは大脳の右半球のウェルニッケ野に相当する領域はこれまでの経験をまとめて神々の「声」にかえ、左半球のウェルニッケ野でこれを聞いていたのだとして、「二分心」を唱えたが、これは「分離された左右半球は『それ自身の心』を持つ」（ブルームほか、1987、149頁）という大脳半球の研究結果によって証明されている。

もっとも、ジェインズが彼の仮説の拠り所としたのは、ホメロスの叙事詩『イーリアス』の登場人物の行動である。

『イーリアス』では、登場人物は座りこんでどうしようかと考えることはない。

英雄アキレウスが、王に愛人を奪われたことを知って怒り、復讐するか耐えるかを「毛深い胸の内では、心が二途に思い迷った」（『イリアス』上、20頁）時、アキレウスの金髪をつかんで「じっと堪え」ろと諭すのは、アキレウスの心に直接語りかけ、他の者には見えない「凄まじいばかりに輝く女神の両眼」であった。

この状況は、ホメロスの叙事詩『イーリアス』の時代には、人びとは自分の行動に迷う時、最後の決断は心に響く神の言葉に頼っていたことを示している。しかし、ホメロスの叙事詩『オデュッセイア』では、オデュッセウスは、策略の限りをつくして神や魔物がつくり出す難関を突破する。神々はオデュッセウスに語りかけるが傍役になっている。あきらかに人類の精神史に重大な転機がここで起こっている。

同じことは、音声言語が相互のコミュニケーションの手段として優越しない狩猟採集民の人間社会にも例がある。

オーストラリア・アボリジニの意思決定手法

この人間社会を描くのは、オーストラリア・アボリジニとともに生活した若き歴史学者の調査記録である。彼が研究したのは、ノーザンテリトリー準州の北西部にすんでいる、オーストラリアに約六〇〇ある言語グループのひとつ「グリンジ」である。

歴史学者保苅実（一九七一〜二〇〇四）は、一九九七年から二〇〇二年にかけて、このグループと一緒に住み、「歴史する」（彼らの生活のなかに生きている歴史を体感する）方法で、アボリジニのオーラルヒストリーを研究した。

保苅はグリンジの長老たちから「世界を知るためのひとつの技法」として「それのほうがこちらにやってくる」ようになるために、「身体感覚を研ぎ澄ま」すことを学んだ、という。（保苅、2004、54－55頁。傍線引用者）

彼の体験の中でも興味深いのは、長いあいだアボリジニの間で行くと言われていたドッカー・リバーへの儀式の旅（注1）の出発がきまった時のいきさつである。この大旅行は、数ヵ月も前から「たぶん来週には出発する」と言われていたが、一向に出発する様子はなかった。しかし、グリンジの長老たちが出発を決めると、その日の夕方には全員が隊列を整えていた。

これは、「それ」が「こちらにやってきた」から出発したことを示している。

彼らは「ドリーミング」によって「それ」がやってくるのを感じることができる。「それ」とは、ある決定であり、行動指針そのものである。それは「ドリーミング」という妖精のようなもの、祖霊のようなものを感得する心の状態であり、ある場合は夢のお告げである。夢を対象化する意識を持っていない心には、夢のお告げは真実以外ではありえない。

正しい道を教える「ドリーミング」の名前は「ジュンダガル」というが、それはヘビの「ドリーミング」である。「ドリーミング（祖先神）」は人間だけの祖先ではない。長老はこの「ジュンダガル」の教えを絶対とした。

ジュンダガルは人々のボスだ。彼が唯一のボスだ。この法を踏みにじってはいけない。法は、彼からくる。（同書、117頁）

グリンジの長老は、ジュンダガルが実在する場所は夢の中だという。そのような教えを私たちは理解できないし、それを実在と感じる心は、私たちの中には、もうない。なぜなら、意識が「ドリーミング」を滅ぼしてしまったからである。かつて、「ドリーミング」があった場所、たぶん右脳側頭部には「意識」が影のように覆っているのだろう。

保苅は、「移動」と「ドリーミング」とを、キリスト教の「言（ことば）」と「神」とまったく同じ文脈で使っている。

そこ（福音書）では次のように記されている。「はじめに言葉があった。言葉は神とともにあった。言葉は神であった。万物は言葉によって創られた。……」この表現を援用してドリーミングによる世界の創造を表現するなら、次のようになるだろう。「はじめに移動があった。移動はドリーミングとともにあった。……万物は移動によって作られた」（同書、74頁）

先史時代の人間社会での重要事項の決定は、音声言語での議論によるのではなく、「アキレウスの髪をつかみ」「すさまじいばかりに輝く女神の目」であり、「ドリーミング」によって「身体感覚を研ぎ澄ま」すことによって、「ドリーミング」が、「祖先神ジュンダガルの教えがこちらにやってくる」ことだった。

そのどちらにも、音声言語が主要な役割を果たすことはなかった。

まことに「言葉など何の役にたつだろうか？」。

2　音声言語はいつ生まれたのか

「ことば」をとりあげると、そこには大きな問題がある。「言語は人間のみに備わった能力である」（酒井、２００２、５頁）と断定して、人間以外の他の動物は生まれつきの言語能力を持っていない、と考える言語学者たちの一団がいる。

先にも引用したが、犬が自分の名前を呼ばれてやってきても、「呼ばれた名前が自分であるという認識を持っているという証拠は、そのかけらさえない」（ブディアンスキー、２００４、１２６頁）と言う犬学者もいれば、それは理解しているのではなく、ただの「反応」にすぎないと日本の学者も言う（酒井、２００２、29頁）。しかし、この学者たちは「認識」と「反応」と「理解」の差も示さない。

キリスト教世界では「神は言（ことば）」であることが、徹底している。「ヨハネによる福音書」冒頭（第一章一）には、「初めに言（ことば）があった」としており、神と言（ギリシア語の Logos）は同じものである。この前提によって『旧約聖書』「創世記」の第一章三の「神は『光あれ』と言われた。すると光があった」が裏づけられる。「光」と「あれ」という言によって世界は創出される。これをアボリジニの歴史家保苅は「（キリスト教では）言葉は神であった。万物は言葉によって創られた」とまとめているのだが、それは「光あれ」という言葉で世界が生まれたということだった。

「ロゴス」をどのように訳すかは日本語では難しいが、それを「ことば」としたのは、日本へのキリスト教宣教師たちによる。言葉は神とともに古い起源を持つために、ヨーロッパ世界では、言語学会で言語の起源などを発表することを禁じる規定さえ生み出すことになった（注2）。

だが、人間も特殊な環境下で、言語なしに生育させられると言葉が発達しなくなることが知られている。適切な時期に適切な刺激を与えられなければ「言語やそれに関連する能力に通常関わる皮質の組織は、機能的に萎縮するのかもしれません」（ブルームほか、1987、131－132頁）と脳科学者は指摘している。

また、一切の先入観を持たずに動物たちを見わたせば、言語能力を持っている動物群はそうとうに広い。現在までに分かっているものから言えば、鳥類ではオウム類、カケス類、ツグミ類などの鳴鳥や哺乳類ではクジラ類、イルカ類、そして大型類人猿のチンパンジーやボノボ、そして二種のゴリラと三種のオランウータンをあげることができるだろう。なかでもボノボのカンジの例は特筆に値する。

カンジは言葉を発声しようとする

ボノボのカンジは、言語環境から断絶させられたために言葉が発達しなかった特殊な生い立ちを持った人間の少女の例とは逆に、母親マタタへの言語訓練を生まれた時から見聞きしていた。この訓練では、ボノボはその喉の構造から人間のようには話すことができないので、手話とレキシグラム（物の名前や動作などを表すさまざまな色や形のシンボルを、キーボード状に配置した会話のための装置。コンピューターに接続されていて、押されたシンボルをディスプレイ上に表示したり、データを自動記録したりできる）を利用して飼育者たちとの会話が進められていた。

二歳半になったカンジは、研究所の都合で母親から引き離された。その瞬間、カンジはそれまでまったく教わっていなかったにもかかわらず一二〇もの単語を作ってみせた。

一つだけ確かなことがあった。私たちが教えなかったのにカンジはたくさんのシンボルを覚えてしまったのだから、これからもあえて教えようとしなくてもいいわけだ。何を学ぶ必要があるか、何を学びたいかはカンジにしかわからない。私たちにできるのはせいぜい推測程度だ。そこで私は、教育はいっさいやめることにした。そして、カンジに何を教えられるではなく、何がカンジに向かって言われたかに注意を集中することにしたのである。（ランバウ、１９９３、68頁。傍線はランバウによる）

心が言葉をつくるまでには、心を通わせる相手が必要である。常にかたわらにいて、あらゆることを知りながら、決してそばを離れず、常に同意しながら、新しい側面を告げる存在こそ、言葉をつくり出し、心を通わせる唯一の環境である。カンジのそばにはスー・サベージ・ランバウがいた。マタタに抱かれていたカンジは、最初に会ったときからスーとの間につながるものを感じたようだった。

ぎょっとするような声をあげて、カンジはマタタの腕の中から文字どおり空を切って私の腕の中に飛び込んできた。両腕と両脚をぴったり私の胴体にまきつけ、私の目をまっすぐに覗き込んで、歯をむき出しにして、にやっとして見せる。（同書、26頁）

ボノボは生後半年で笑う！

カンジは手話とレキシグラムの利用によって、研究者たちに自分の意志を正確に伝達ができるようになった。鍵のかかった扉の先のボノボのグループのいる部屋に行きたいときには、研究者の鍵を指さし、次にドアの錠を示し、さらに部屋の方向を指さしたのである。

それだけではなかった。何より重要なのは、「そのジェスチャーにはしばしば発声とレキシグラムも組み合わされていた」（同書、83頁。傍線引用者）のである。

ここに、種間コミュニケーションのもっとも重要な秘密が隠されている。

同種の場合は、コミュニケーションは確かめがいらない。同じしぐさは同じ心を示すからだ。だが、別種の場合には、確かめが必要になる。ジェスチャーで示し、同時にほかの方法で、ひとつは声を出すことで、あるいはレキシグラムの記号を示すことで、コミュニケーションを確実にしなくてはならない。

そこに、言葉を発声する秘密もある。

夜になると何かがカンジをおしゃべりなやつに変えてしまうらしく、そのひっきりなしのおしゃべりを聞きながらカンジを寝かしつけていると、頭痛がしてくることもしょっちゅうだ。……くたびれて動くのがたいぎになってもまだ、私の質問には口で答える必要があると思うらしく声をたてている。（同書、141－142頁）

カンジの「ひっきりなしのおしゃべり」を聞いて「頭痛がしてくる」というスーの印象から、私はマウンテンゴリラを最初に野外で研究した動物生態学者ジョージ・B・シャラーの本の一節を思い出した。

シャラーはゴリラの野外観察からもどってくると、しばらく一人になりたいと丘の上に行ったと書いていた。たった一人で一日中をすごしたにもかかわらず、群集の中で過ごしたような気分になるというのだ。（シャラー、1967、204頁）

それは、どこか深いところで、ゴリラのぶつぶつ声が聞こえていたのではないか？　ゴリラの研究者ダイアン・フォッシーはテープレコーダーでゴリラの群れの音声を記録し、ソノグラフ（注3）で分析した結果、「個体識別」ができることが分かった。

したがって、ゴリラたちはかなりはなれていても声によってたがいに識別しあっていることは

ほぼまちがいない。（フォッシー、２００２、１２８頁）

私たちは自分たち人間だけが音声言語である言葉を持っていると思っているが、実際はそんなものではなさそうである。

ましてや、カンジは人の言葉に応えようとして、人の言葉に似た音声を発声しようとする！　ボノボのカンジは、嬉しくてたまらないときや非常に興奮したときにさまざまな声を出して、自分の気持ちを伝えようとして、他のボノボとは異質の音声を出したが、それをスペクトログラム（注４）で見ると、「グラフ上に表れた形も音も、面白いほど人間の話し言葉に似ていることがわかった」。（ランバウ、１９９３、２０６‐２０７頁）

人間の幼児も言葉を発声しようとして、大人の発する声に近い声を出そうとする。それは生後一年半を過ぎた頃で、さまざまな物の名前を聞いては、それに近い発音をするようになる。

　クリップがたくさんあるので、それをひとつひとつ飽きずに取り出して「これは？」とたずねる。むろん、こちらは「クリップ」とくりかえす。「りぷ」、「そうだね、クリップ」、「これは？」、「クリップ」、「りぷ」、「そう」、「これは？」「クリップ」、「りぷ」……延々たるくりかえしである。（拙著『孫の力』、56頁）

音声言語で答えることは、相互の関係にとって非常に重要なことで、そこではただ記号を伝えるだけではなく、お互いの感情を伝えることができる。だから、カンジは質問に対しては声を出して答える。

何か質問されたり意見を聞かれたりすると、カンジはたいてい声を出して答える。たとえば、私が「外に出てひと回りしてみたくない」などとたずねると、カンジはよく『Waaninng』と聞こえる音声で答える。賛成という意思表示なのだ。（ランバウ、１９９３、２０８頁）

ある変わった出来事

カンジの母親のマタタと妹のタムーリたちは別の部屋にいた。その部屋から出るとドアは自動的に閉まるようになっていた。ある日ランバウがその部屋を出たとき、中にカギを忘れた。カンジの部屋に行くと、カンジがタムーリたちの部屋に行きたいという。そこでカギを忘れたことに気づいたランバウは、タムーリたちの部屋に行って「カギを探して」と頼んだ。タムーリはカギを見つけたが、ランバウには渡さなかった。

ランバウはカンジに、その事情を説明した。すると「カンジはタムーリに向かって、いくつかの音節のある声を出した。タムーリはこれを聞くと、驚いたことに静かにカンジに歩み寄って、カギを渡したのである」。（ランバウ、１９９７、３４１－３４２頁。傍線引用者）

この出来事は、ボノボが自分たちの群れ生活のなかでは、かなりの程度まで音声言語をあやつっている可能性を示している。ボノボの野外での観察は難しく、また、このような言葉の交わし方は非常に微妙なので、観察の網にはかかってこないのだろう。

3　犬と暮らす人びとと丁寧な言い方

ゴリラのココはパターソンと、ボノボのカンジはスーとの特別な関係を持った。お互いの間で心が通う関係がなければ、言葉にまではとうてい至りつけない。そのように、イヌとヒトとの間でも特別な関係が生まれる。

前述したアマンダ・イングラハム陸軍三等軍曹と軍用犬レックスL２７４との関係は、ちょうどアラスカのマッシャー（犬橇操縦者）レオンハルト・セッパラとリーダー犬のトーゴとの関係に似ている。

四歳のレックスは、他の人間の言うことを聞かないし、動くものはなんでも追いかけるので、軍用犬としてはほとんど失格の問題犬だった。トーゴも同じで、橇犬の訓練のためにハーネスをつけようとすると逃げ出したり、仲間の耳に噛みついて大騒動を起こすのが常で、セッパラはトーゴを手放そうと決意したほどだった。しかし、生後半年を過ぎる頃になるとトーゴはバルチック艦隊を破った名将の名にふさわしく振る舞うようになり、生後八ヵ月というまだ子犬の時期に、先頭犬といっしょに走るほどになった。伝説的なリーダー犬の誕生だった。セッパラとトーゴをリーダー犬としたチームはベーリング海に面した港町ノームで発生したジフテリアの血清を届けるために、一九二五年一月二七日から二月一日にかけて一〇八五㎞をリレーした二〇の犬橇チームの中で、もっとも長距離（一四六㎞）で最大の難所（ノートンベイの海氷地帯）を走りぬけたのだった。（ソールズベリー、2005）

人は犬との関係を作り始めた最初から、このような特別な個人的な関係を作り上げてきた。明治時代の村では子どもたちが村の犬の世話係となり、生まれたばかりの子犬を品定めして、見込みのない子犬を淘汰することさえした（柳田、1989および2011）。犬は人間とともに生きるようになった瞬間から、極めて高い淘汰圧を受けることになった。

最初は、犬の淘汰はシャーマンたちの仕事だったかもしれない。犬の言語を解し、その能力を見きわめることが、犬の淘汰には必要だった。子どもたちが子犬の尻尾をつかんでぶら下げて、キャンキャン泣くのは役立たずだとして淘汰するようなもっともプリミティブなやり方から最近の繁殖技術に至るまでは、それほど遠い道のりではない。

しかし、一定の性能の犬を、まったくのゼロから作り上げるのは、犬の飼育繁殖に詳しく、熱意と才能を持った人でも、何十年もの間の試行錯誤があった。

二〇一一年二月のイノシシ猟では、石井さんにはすでに完成した猟犬たちがいた。しかし、それが自分一人でできたものではないと石井さんは、ある人を紹介した。

「私がまだ横浜市に勤めていたころ、毎年冬になると島根にイノシシ猟に行っていたことを知っているでしょう。温泉宿に泊まって、犬たちを連れて早朝に出て、夕方までにようやく二〇～三〇kgのイノシシをひとつ獲って帰ってくるのが、運のいい日でした。しかし、あるとき帰ってくると、六〇kgくらいのイノシシが宿に転がっていて、それを獲った本人は温泉からあがって夕食の席で、ゆっくり一杯やっていました。

私の犬では、どうしてもそれほど大きなイノシシは獲れなかったのが、その人は朝も遅くなって出かけて、一～二時間で戻ってくるのに、それほどのものを獲っていました。それが、清水鐵夫さんでした」

現在の猟犬たちは、彼の犬を譲ってもらって改良してきたので、ぜひ清水さんに会って話を聞いてもらいたい、と言うのだった。

写真11 四国犬（山中春雄氏の所有）

清水（旧姓安藤）さんからは、京都で二日間にわたってお話をうかがった。

「子どもの頃から変わっていたんでしょうね。小学校五年生の時、闘犬に興味をもったので、新聞配達をして金を貯めて土佐犬を見に行ったりしていました。子どもだからと会長の隣に座らせてもらい、そこで『四国には四国犬がいる』と聞いたのです。『四国犬とはなんぞや、イノシシ犬や』と。そこでイノシシ犬に興味を持ちだしたわけです。

一八の時、貯めた金で紀州犬と北海道犬を購入し、まだ銃を持てる歳ではなかったので、新京極でバットと短刀を買って、イノシシを獲りに山に行きました。ものの本に『嚙み止め』という猟の方法があって、『犬がイノシシを嚙んで止めるので、短刀でトドメを刺せばよい、鉄砲はいらない』と。それに憧れたのです。

しかし、それはとんでもないウソでした。血統書つきの紀州犬ではイノシシに対抗できないんです」

破天荒な青年は、二〇代半ばで結婚した。しかし、どうしても単独猟ができる「嚙み止め」犬を創りたかったので、家族の生計がたつだけの生業を成り立たせ、二七歳の時、宇治の山奥で一年三六五日、常時一〇頭、最大四〇頭の犬と暮らす日々を始めた。

清水は一日中小屋の中にすわりこんで子犬を観察し、来る日も来る日もそれを続けた。

「子犬の動きを見ていれば分かってくるんですよ。ハエの追いかた、ほかの犬との関係、何かを見た時の視線、そういうものを見ている。一日、二日では分からない。一〇日で目があく、三〇日で乳離れする。それをずっと見ていると、使える犬かどうかが、分かってきます。ムダに攻撃的なのは、ダメなんです。他が騒いでも隅のほうで知らん顔している子がいい」

ほとんど同じことを海外のブリーダーが語っている。ハイジャンプ世界王者のボルゾイを創りだしたシーナ・オニールは、そのチャンピオンが子どもの時「静かで控えめ」だったことを覚えている。だから、子どもの選抜方法は分かっている。

生まれる子犬のなかに、優しさと自信、人生に対する満足感を示す子がいないかどうか、シーナは慎重にさがすつもりだ。（ウェイズボード&カチャノフ、２００３、１６８頁）

安藤犬の創造

「トレーニングではできないのが『いかれ根性』です。イノシシにとびかかって牙ですくいあげられ、腹を裂かれる。それでも、傷がなおればまた飛びかかる。そういう根性は、トレーニングで作れるものではない。それは『血』です。

究極の犬のひとつは、ピットブルでしょうね。これは闘犬用に創られた犬ですが、死ぬまでやる、という血統を創り出すわけです。土佐犬の競技では嚙み合って三〇分続けば『よくやった、よくやった』と拍手で引き分けですが、ピットブルは三時間もつづける。死ぬまでやる」と清水さんは語る。

どんな動物でも、生死がかかると逃げる。勝てない相手に対する当然の恐怖も、死への恐怖も乗り越える犬を創ることができるのかを問うのが、究極のピットブルの創出だった。

「ある時見たピットブルは、競技の場に出ると、はじめから尻尾を股の間に巻きこんで、子犬のようにキャンキャン声で泣きわめき、おしっこさえたらしているんです。しかし、三〇分たつとキャンキャン鳴きがなくなり、尻尾がだんだんあがってくる。しまいには尻尾を振りながら闘うようになりましたが、見ていて恐かったですよ。犬は自信満々になると尻尾を振るんです」

この経験は清水さんに「やれる」という確信を与えただろう。ピットブルが命を投げだすことができるなら、イノシシ相手に死を恐れない犬を創り出すことは可能だ、と。

「日本中ぜんぶ回りました。イノシシ犬と言われるような犬を持っているところはぜんぶ。しかし、血統書つきの犬はイノシシと直接対決すると、ぜんぶスカタンでした。そんな時、柳生の里の有名な猟師と知りあったのです。彼の犬は、一見薄汚い犬ですが、それをひとつ分けて貰いました。それで全然ちがうものが見えてきたんです。

犬はみないっしょに飼っているでしょう。喧嘩するんですよ。そういう時、奥のほうで知らん顔しているのがいいんです。闘争心とイノシシへの猟欲は別のものです。いらんことに神経を使い、いらん攻撃精神があるのは、ここ一番ではじけないのです」

清水さんのいう「いかれ根性」を持ち「はじける」性格を持つ犬は、イノシシのような強敵にあってもひるむことがない。しかし、その犬になみはずれた運動能力がなければ、ただ飛びかかってもイノシシに殺されるだけである。あるところで、まだ無理と判断して直接攻撃をひかえ、なんとかやれるまで粘る能力も必要になる。

「かしこい犬が学習しているのは、自分の今の群れの数ではイノシシに絶対勝てない時の作戦です。六つの犬で行って、ばらけてしまって、二つ、三つの犬でイノシシにかかる時、口を持っていって怪我をするよりも、つかず離れずで粘るんです。あとの犬が集まってきた時、これで行ける戦力が整ったかどうかが分かるということです」

そう、そこで名犬が生まれる。清水さんにとっては、それは「アサキチ」だった。

「アサキチ」は生後一〇ヵ月の子犬の時に、生まれて初めて見た親子づれのイノシシの子どもにかみつき、自分とほとんど同じ体重のイノシシを咥えた、という。

この名犬を群れのリーダー「先犬（はないぬ）」として、イノシシの単独猟が完成した。一九八〇年代の半ばである。「アサキチ」はこの時寿命まぢかの一二歳だった。

「私は犬をいつも疑っていました。こちらが甘い顔を見せたら、すぐ手を抜きよるんです。イノシシではなくてシカを獲ってきたら、私は棒で殴りました。主人が要求しているのは、イノシシでもシカでもいいのではなくて、大きなイノシシなんだ、と覚悟させるのです」

犬たちもバカではない。主人が甘ければ、それに対応して適当にやる。しかし、この主人は本物のブリーダーだった。最高の犬の血を受け継ぐ犬を創り続け、現場では一切妥協を許さなかった。発情期のオスイノシシは食欲よりもメスを追うためにやせて身軽になり、攻撃的で、肩から首はヌタ場の泥で固めて板のようになって鉄砲の弾も通らない。

清水さんは「それを獲れ」と犬に言う。

犬はそういうイノシシを避けてとおる。メスがいれば、そっちを狙って獲る。しかし、メスばかり獲る時は、犬を疑うんです。二匹いたイノシシのうち、オスは避けているんじゃないかと。だから、また同じ場所に向かう。オスがおったら、また行くんです。犬はつらかったと思いますよ」

こういう人である。真冬の猟期の九〇日の間、休むのは元日の一日だけで、毎日出かけ、七五kgの

写真12　イノシシに短刀を刺す清水さん
8ミリ映像より切り取り。手前4頭の白、灰が猟犬で中央の黒がイノシシ。清水さんは左手でイノシシの後ろ脚を持ちあげ、右手で心臓を刺している。

体重が猟期の終わりには五八kgになるという猟人生活だった。それも、すべて犬が噛み止めているイノシシに近寄り、馬乗りになって心臓を短刀で刺してトドメを刺すというやり方である。

清水さんの猟を8ミリで撮影した映像記録を見ると、犬が追いつめたイノシシの後ろ脚を片手で持ちあげ、右手の短刀ですばやく心臓を突いてすぐに抜いている。その動作が実にすばやい。しかし、その短刀が折れたことがあったという。噛みついた猟犬の犬歯がふっとぶほどイノシシの筋肉は強力だからである。

「いつも使う短刀は、土佐鍛冶に頼んで日本刀と同じ造りになっているので、折れないんですが、その時はガーバーナイフやった。これは合金ですから、イノシシに突きこんだ瞬間、ポキーンと折れた。相手は一〇〇kgをこすでっかいイノシシやったから、力も強い。そうなったら、殺し合いですわ。頭の中は真っ白になりました。『これは負けるなあ』、ひしひし思いました。しかし、ロープを持っていたので、ぱっと脚をつかんで、なんとか巻きつけて木にくくりつけた。これだけしか刃が残っていないナイフで近くの木を切って鉛筆けずりみたいにして先を尖らせて槍を作り、折れた刃の残っているあたりを『ここやったなあ』と刺した」

このイノシシは一二〇kgあり、犬二頭はすぐ病院送りになった。ほんものの殺し合いだった。主人がイノシシの上で生死をかけて闘っている間、ぼんやり見ている犬たちではなかったのである。

イノシシを絶対確実に捕まえる犬を創り出すことができれば、ひとつの村のタンパク質の供給は確保される。清水さんの挑戦は現代社会ではただの趣味だが、かつての狩猟採集民の時代では、村に繁栄をもたらす山の神の使いとして最高の栄誉を受けるほどのことだったはずである。

日本列島に犬とともにシベリア経由で入ってきたわれらが祖先は、東アジアで最初にオオカミ南下亜種イヌに出会った、アフリカから東進してきたホモ・サピエンスの最初の波の一員だった。つまり、われらの祖先はイヌの家畜化を行った最初のグループで、彼らの犬への対し方は、野生のオオカミへの対し方と同じように丁寧なものだっただろう。しかし、同伴者として氷期の極大期の過酷な条件を生き抜くためには、犬への淘汰圧は厳しいものだった。それを間違いなく行うことができる清水さんや石井さんのような専門家も、またいたことだろう。そのようなシャーマンがいる集団は、明らかに生存率が高かったはずである。

そこでは、犬と人間との間に、どのような言葉が交わされていただろうか?

野生のオオカミの群れとともに暮らした(と語る)ひとりの男性の記録がある。第一章で紹介したショーン・エリスはオオカミの群れとの二年間の生活のあと、イギリスに戻って軍用犬の犬舎の管理人の仕事をしながら、民間の犬の訓練士としても働くようになった時、犬で問題が起こる場合の理由を、次のように述べている。

変な事態が発生する場合、犬が問題だということはめったにない。問題は常に、その状況にふさわしくない犬を連れてきておきながら、犬が理解できる言語で躾けられなかった人間である。（エリス&ジューノ、2012、157頁、傍線は引用者）

野生のオオカミとの二年間の生活を経験した者の重みがあるのは、飼い主の人間の言葉を問題にしている部分である。「犬が理解できる言語」を使うことができない人間が、犬との関係で問題を起こすのだと。

犬は人間の声はその調子と高低しか聞き分けられない。このため、犬は教えられた命令の言葉しか理解できない。この言葉は、座れ、動くな、腹ばえ、来い、行け、静まれ、のように短い言葉である必要があり、権威ある言葉の調子と高低で言わねばならない。……（同書、234頁）

猟に出る前、石井さんはひっきりなしに犬たちに語りかけていた。犬たちは、主人の多くの言葉を知っていたのだ。また、本章の冒頭にかかげたように、石井さんは犬の言葉も共有していた。清水さんは、この点について何も語っていなかったが、犬の群れと暮らして、語りかけていなかったはずはない。

犬と人間では、身ぶりはあまりにも違いすぎる。このふたつの動物種の間のかけはしは、「共通の音声言語」であり、つまりは「犬が理解できる言語」である。

主人がひっきりなしに語りかける明瞭な言葉によって、犬は主人の感情や意図を間違いなく察知できる。ただ、それに従うかどうかは、犬と主人との相性による。さらに、犬が尊敬できる主人でなくてはならない。この主人についていれば間違いないという確信を犬が抱くことがなければ、犬を生死の境に連れていくことはできない。

その時の人間の言葉は、「犬が理解できる言語」、「丁寧な言い方」、あるいは「合理的なものの言い方」なのである。

犬は神である

最終氷期の極大期、ヤンガードリアス期を乗り越えた人びとには、広大な沃野がユーラシア大陸に広がった。その時、犬を連れた人びとが東アジアと西アジアと、そしておそらくはインド半島で、最初の農耕と牧畜を始めることになった。

この時期について、文明史家アーノルド・トインビーは中近東（西アジア）で起きたとされる乾燥化（注5）に対応して農業文明が生まれたと想定しているが、ジュリアン・ジェインズは言語がカギだと指摘する。

近東がそうであったように、栽培化に適した野生の小麦や大麦が偶然にもまとまって育ち、しかもその自生地の分布が南西アジアのヤギ、羊、ウシ、ブタといった群棲動物の広大な生息地とも重なる環境に、言語的な精神構造が加わった結果、農業が生み出されたのだ。（ジェインズ、2005、170頁）

だが、そのヒツジたちが犬によって追い集められていたことは、当然と思って省略したのか、それとも、知らないのか、あるいは理解できなかったのだろうか？

たとえば、ヒツジ。この動物は原種はムフロン（体重二五～五五kgで野生のヒツジ類の中で最小）とアジアムフロンと想定されている。ヒツジは群れて生活する草食動物だが、人手で動かそうとするときわめて扱いにくい。ヒツジは強情で必要となれば角で突っかかる攻撃性もあり、しかも重い。しかし、犬なら、「睨むだけ」でヒツジ程度は思い通りに動かすことができる。

（ボーダー・コリーは）睨みをきかせてじろりと見据えることで羊を動かし、計画的な威嚇で動かしていくのだ。（ウェイズボード&カチャノフ、2003、130頁）

ヒツジたちは、犬からは逃げきれないし、犬には噛み殺す力があることも知っているから、その犬の「睨み」は効果的である。

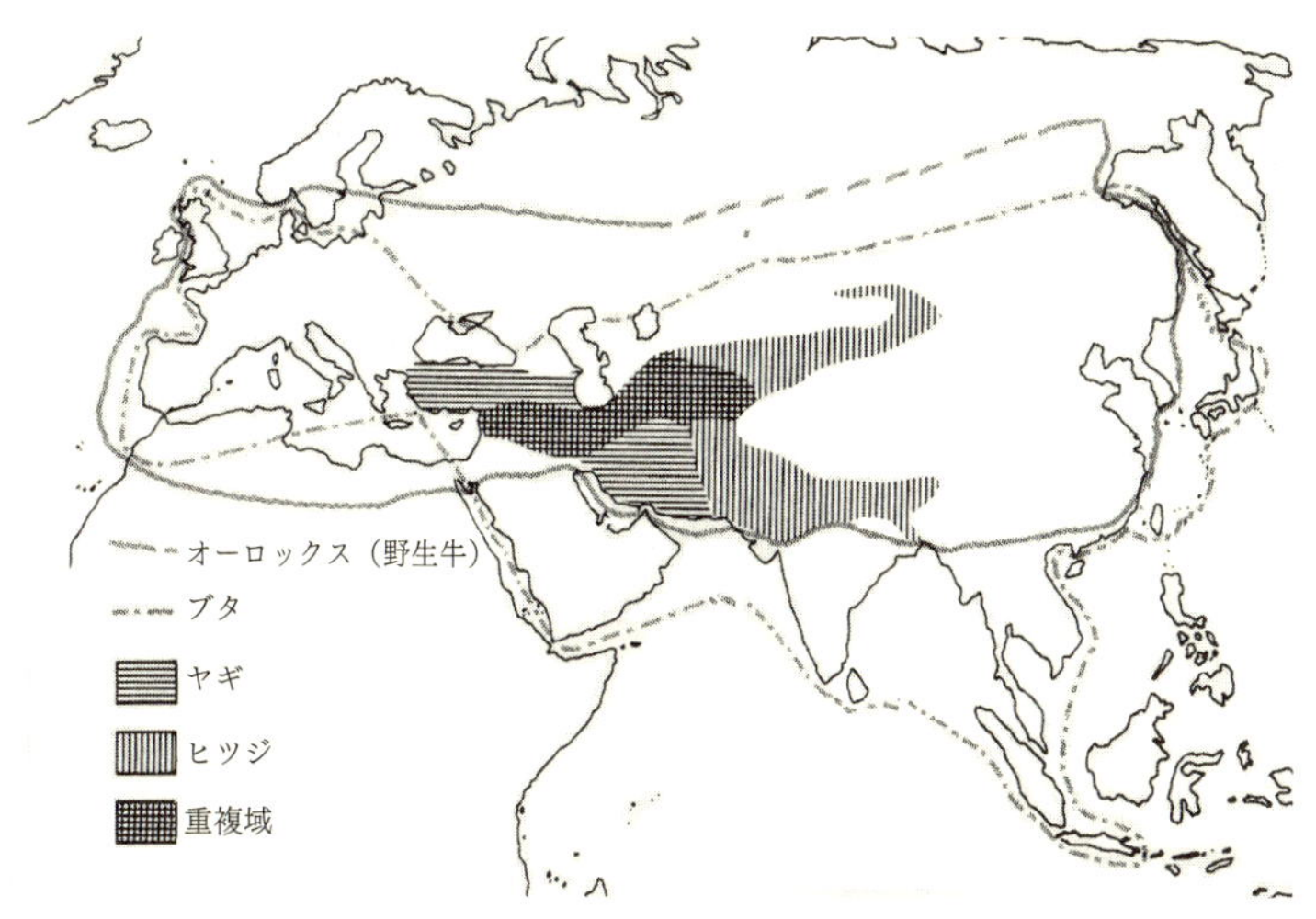

図20　最終氷期の終わりにおける家畜の先祖の分布域の想定（Jones et al., eds., 1992. *The Cambridge Encyclopedia of Human Evolution*より作図）実線はオーロックス（野生牛）の分布域を示し、ヒツジとヤギの祖先の分布域の重なった部分が、家畜の起源地に近いことを示している。

犬の存在が農耕牧畜の文明を生んだ

　西アジアは、ヤギ・ヒツジの原種とされる草食動物たちが、小麦などの禾本（かほん）科植物とともに重なって分布する地球上でも例外的な場所である。この「群棲動物の生息環境」に重なる「言語的な精神構造」こそは、決定的なポイントである。ジェインズのいう「言語的な精神構造」とは、何か？

　ここまで犬と人間の関係を追ってきた者は、答えることができる。

「それは、犬だ！」と。このメソポタミアからアナトリアにつながる大草原を人とともにヒツジやヤギの大群を追って走る犬の姿が見えるはずである。

　最終氷期の最終局面であるヤンガードリアス期は、もっとも寒冷な気候で、西アジアには砂漠が広がっていたが、その頃（一万二〇〇〇年前）、地中海岸地域の温暖でより湿潤だったイスラエルのアインマラハ遺跡では、すでに犬が飼われていた（第二章参照）。しかし、この時代の西アジアの文化は、新石器時代の始まりにすぎず、人びとの食物には、野生のシカやヤギ・ヒツジ類、キツネやウサギを含む多くの哺乳動物と魚や貝類やカメ、鳥と穀物など一〇〇種以上の野生の動植物が含まれていた。この遺跡では、まだ犬を牧羊犬として使っていた様子はない。

西アジアは最終氷期の終結（一万年前）とともに広大な草原となり、多数の家畜原種の分布の重なる好条件の地域となった。温暖化が始まった後期旧石器時代の九〇〇〇年前になって、この地域ではまだ土器もない時代に穀物とヤギとヒツジが大量に出土するようになる。ヒツジ・ヤギが家畜化された（Clutton-Brock, 1992, 384p）のである。

ヒツジ・ヤギの家畜化と麦類の栽培が同時に、一気に進んだことには、理由があった。

西アジアには、ヒツジたちを家畜化するよりも三〇〇〇年以上前に、東アジアから伝わってきた犬が飼われていた。東アジアに比べてより広大な西アジアの草原の中で、犬が捕まえるには適度な五〇kg弱の大きさで攻撃力も少なく、大群をつくるヒツジやヤギは、犬の能力を発揮する好対象だった。ヒツジやヤギは犬に追われてまとまり、人にやすやすと捕獲されたのだろう。

この南西アジアの大草原では、森林帯での狩猟よりもはるかに容易に草食獣を集められたはずであり、このヒツジ・ヤギの大群が手に入れば、当面の食糧以上の供給ができることに人びとは簡単に気がついたはずである。この数こそが、ヒツジ・ヤギの家畜化の始まりだった。その時、人と犬はすでに五〇〇〇年の共生時間を経験していたので、お互いのコミュニケーションをヒツジ・ヤギの家畜化の過程で洗練させていったことだろう。ヒツジ・ヤギの家畜化は、犬なしにはできなかった。

また、小麦などの作物の栽培も犬なしにはできない。栽培作物は草食獣だけでなく、鳥やネズミ類の食物なので、栽培されて大量に食物が集まるところには、それらの鳥獣もまた集まって食害を起こす。現在の日本の山間の農家がどれほど野生動物（鳥やシカ、イノシシ、そしてサルなど）に悩まされているかを見れば、栽培作物が収穫できるためには、犬による防衛なしには不可能だと分かるはずである（注6）。

農耕牧畜に言語精神がかかわるのは、人同士で必要な情報をやりとりすることが主要な原因ではない。人がヒツジ・ヤギの大群を扱う上では、人以上に頼りになる犬との協同作業を効率化し、生産をあげることができるようにするためには、適切な言語的精神をふたつの種（犬と人）の間で共有し、洗練させる必要があった。人は、まるで自分だけで「農耕牧畜文明」を始めたかのように語るが、その創成は犬なしにはありえなかった。

つまり、「農耕牧畜を始めることを可能にした言語的精神構造とは、犬である」。

より正確には「南西アジアのヒツジ・ヤギの（重複した）群棲地帯に、共生関係にある犬と人間の言語的精神構造が加わった結果、東アジアに続いて（注7）そこに農耕・牧畜が生み出されたのだ」と言うことができる。

人間の文明は、このようにして始まった。文明は犬によって始めることができたのである。逆に、犬なしには、文明は始まらなかった。そして文明は人間にとって有用な万物をつくり始める。「この言葉は、神とともにあった。万物は言葉によって創られた。……（またアボリジニの信仰にあるように）万物は移動によってつくられた」（保苅、２００４、74頁）のであれば、「万物は犬によって創られた」と言い換えることもできる。

であれば、「犬は神である」。

第五章

こんなことが信じられるか？

1　地下鉄に乗って通勤するロシアの野良犬

二〇一二年一月のネットを賑わしたのは、モスクワの地下鉄に乗る野良犬の話題だった。人は床に寝て、座席に犬が寝ている写真なども掲載された。三万五〇〇〇頭もいるモスクワの野良犬たちのうちには、地下鉄システムを利用して生活しているものがいると大いに騒がれた。

ネット情報では、三〇年間野良犬を研究してきた生物学者などの話を掲載し、かつ、このような写真を載せて、いかにも真実そうなのだが、これだけではたまたま飼い犬が主人といっしょに乗っている写真かもしれず、すぐには信じられない。この話の真偽を確かめるには、何よりモスクワ在住の人に聞くのが一番で、私にはたまたま知りあいがいた。「本当なんですか?」と聞いた。

「本当だ、しかし、今はいなくなった」

この地下鉄通勤する野良犬情報は、少し古いようで、二〇一八年時点ではすでに地下鉄犬はいなくなっていた。だが、それは本当にいたのだった。

モスクワ在住者の話では、二〇〇八年からのメドベージェフ政権時代には、リーマンショックや原油価格が下落したことなどで経済危機が広がり、モスクワ周辺の住宅を持っていた中流の階層が没落して、飼っていた犬たちが野良犬化したという。住宅街では生活できない野良犬たちの中で、地下鉄に乗って中心街のレストランや市場などで食料を見つけるものが出てきて、それらが通勤するようになった。それが、彼の説明だった。

一方、サンクトペテルブルクでは、二〇一七年の暮れに、九頭の大型犬が隊伍を組んで中心街をのし歩く姿が撮影されている。これは「モスクワの景気回復がロシア全域に行き渡っていないことを示しているのだろう」というのが、モスクワ在住者の意見だった。

野良犬たちが食（職）を探すのに、地下鉄を利用できたのは犬にも人にも寛容なロシア人社会でなければありえないことだったかもしれないが、犬たちの人間社会適応能力の高さをも如実に示した例だった。なにしろ、彼らはモスクワの地下道の迷路をたどり自分の下りる駅を間違えなかったというのである。

写真13　サンクトペテルブルクの野良犬（得丸久文撮影、2017年11月）
早朝の中心街をのし歩く野良犬の群れは、人びとに無関心で、このあと広い車通りを隊列を組んで横断していった。

2　犬の伊勢参り

ありそうもないことをどのように理解するか

江戸時代後期、伊勢参りが大流行した時代に、犬も伊勢参りをした。これについては、同時代の人でも信じる人と信じない人とに分かれていたくらいだから、現代では誰も信じないだろう。「犬の伊勢参り」への賛否ほど、人の性

図21　伊勢参りする犬（鈴木省三著『仙台風俗志』の挿絵）
本文の「赤ぶち」ではないが、当時の伊勢参りの犬の様子がよく分かる絵で、首輪につけたお札が伊勢参りをしている犬であることを示している。

格が表れる話題はない。

ありそうもないことをどのように受け取るかは、その人の性格そのものが痛烈に現れる。この点で、司馬遼太郎という昭和時代きっての歴史小説家の「犬の伊勢参り」についての考察は、これ以上はない教材である。司馬は『街道をゆく』（仙台・石巻）で鈴木省三の『仙台風俗志』（注1）に触れる。

仁科邦男（注2）はその著書『犬の伊勢参り』の中で、鈴木の描写を丁寧に紹介している。

> 余（鈴木）がようやく物覚えがつき始めたころ、安政五、六年のことだが、姉に背負われて岩沼同心町に行ったところ、町の人はあれよあれよと言って、道の真中を脇目もふらず、しずしずと通る一匹の赤ぶち犬を見て、あれは伊勢参りの犬なれば、追ったり打ったりすれば太神宮様の罰が当たるなどと語り合うのを聞いたことがある。（仁科、2013、153頁。カッコ内は引用者による注）

この原文を読んだはずの司馬は「創作である」と断定して、「鈴木省三は考証の確かなひとでありながら、こと参宮犬のはなしになると幻覚的になるのがおもしろい」（同書、156頁、司馬の原著から の仁科による引用文）と切って捨てる（著者も司馬の原著にあたって確認した）。

考証の確かな人は、どこまでも確かである。それを「あれは確かだが、これは確かではない」、と断定できるのは、何によるのか？　ありていに言えば、「仙台の田舎者はこんなもの」という蔑視である。

仁科は正確を期するために司馬の文章を長く引用して、司馬の文章を点検しているが、「相当に悪質な文章である」と憤慨している。（同書、157頁）

司馬が「考証の確かな」鈴木省三を「幻覚的」と悪罵し、実際にあった犬の伊勢参りを「御師がつくったお噺」としてしまう。しかも、結論として「まあ、どうでもいいこと」と鈴木省三の回顧談そのものをとるに足りないヨタ話にしてしまったからである。

丁寧に文献にあたって、「犬の伊勢参り」を確かな事実として考証した仁科にとっては、論外の司馬の態度だった。

> 司馬は、民衆をあおりたてる不条理な存在として御師をイメージしているようだが、それにしてもずいぶん筆がすべったものだ。（同書、158頁）

ここには決定的なものがひそんでいる。

人は自分が理解できないものをそれでも理解しようとする能力と同時に、理解できないものを徹底的に排除しようとする強い偏見を持っている。

司馬にとっては、「犬の伊勢参り」という話題自体が「まあ、どうでもいいこと」なのは、「犬の伊勢参り」を軽い話にしないと自分の立地地点が定まらないからである。それは、合理的精神というものかというと、少し違う。

日本人にとって犬とは何か？

「犬の伊勢参り」が実現した当時の日本社会は、東海道五十三次という宿場が街道に整備されており、伊勢神宮には御蔭参りで参拝する数百万の群集がいた。それは時に村ごと「抜ける」ほどの社会現象となり、しかもそれが保護されていた。

この社会的背景の上に、日本における犬と人間との特別な関係がある。「養っているのは特定の個人ではなく村里だった」（同書、２２１頁）。これを江戸時代以来、里犬と呼んでいる。そこで生まれた子犬を管理したのは、明治初期までは村の子どもたちだった。（同書、２２２頁、柳田、２０１１、１５９頁）

房州から伊勢参りをした犬の首には行きに銭三〇〇文をかけてやったが、帰ったときには三〇〇〇文になっていた（仁科、２０１３、61頁）。これは、当時の人の聞き書きだが、仁科は傍証となる原資料をきちんと見つけている。（同書、67頁）

私、飼い置き候、白黒のもく犬（むく犬）年三歳、去る未三月ごろ（寛政十一年三月）より相見え申さず候ところ、伊勢参宮つかまつり候由に相見え、銭一貫七百文あまり越後路の方より段々継ぎ送りて、当月十五日（寛政十二年三月十五日）下着つかまつり候。

これは、山形・対馬村の菅原久左衛門から肝煎にあててだされた文書で、自分の犬がいなくなったと思ったら、一年後に伊勢参りしてもどり、どこかで副えてくれたお金が一文銭で一七〇〇枚分あり、それとともに帰ってきたというのである。寛政年間のソバ一杯は一二～一四文であり、現在のソバ一杯を四〇〇円とすれば、一文三〇円、一貫七百文は五万一〇〇〇円となる。

どこの世界に、犬が金を持って旅をして、しかも当初与えた一〇倍の金を持って帰ってくるだろうか？　それは、アラビアンナイトの世界でもまったく考えられない話である。

だが、江戸期日本社会は、それを実現したのだ。しかし、それを理解できない人びとも、また多い。

なぜ、そうなるのか？　犬をめぐる日本社会は激変してきたのである。

江戸時代の犬がどんな状態だったのかは、アメリカの初代駐日領事のT・ハリスの通訳兼書記のH・ヒュースケンが報告している。

（犬は）われわれを見るとひどく騒ぎたて、町じゅうの犬の大合唱になり、警砲の音で馳せ集まって、われわれの跡をつけて町はずれまでくると、そこで郊外の犬に吠える権利を譲渡するのである。（『ヒュースケン日本日記』青木枝朗訳）

犬たちは自分の役割が、村落共同体の境界内にあると知っていた。それが里犬だった。里犬は個人が養っているのではなく、村里で養っている犬だった。民俗学者の柳田國男（明治八年生まれ）が自分の子どもの頃の話として明治時代の村（兵庫県神崎郡）の犬について語っているように、村の犬の世話は子どもたちの役割だった。

それ（黒というメス犬）が毎年きまって薬師さんの堂の下で子を産んだ。それを見つけて報告するのも、案内の役も私がつとめた。……犬の子は大抵うちへ来て食べて大きくなり、また小さな芸を教えられる。（柳田、２０１１、１５９頁）

この村の子どもたちといっしょに大きくなる犬たちは、神社や薬師堂などの縁の下で生まれ育ち、自分たちをその村の共同体の一員として位置づけて、外国人などの見慣れない侵入者へ警報を発した。

仁科は万延元年（一八六〇年）に日本を訪れた英国の植物採集家、R・フォーチュンの著『江戸と北京』に描かれた犬についての記述を翻訳している。

これらの町の犬は特定の個人に属しているわけではない。しかし、彼らは特定の通り（道路）の住人――いわば公共の財産なのである。そして彼らは、その住民からある種の迷信的感情で見守られている。（仁科、2013、227頁）

「ある種の迷信的感情」！　なんとうまく表現したことか！　ここにこそ、日本人と犬との特別な結びつきがある。それは公共財であり、「ある種の迷信的感情」という特別な感情によって支えられる関係なのである。

その特別な感情とはいったい何か？

日本の犬たちには、愛玩用の狆（ちん）や各地の猟犬がいたが、多くのばあい人間社会の中に共存するだけで特定の目的に特化されていなかった。犬の役割は、シカ、イノシシの被害があるとか、泥棒が頻発するとかの危機のときには発揮されるが、平安な時代には目立つものではない。江戸時代の多くの日本人にとって犬は、ひたすらそこらあたりにいる無害な共存者だった。だが、ただ無害な共存者というだけではない。

幕末にイギリス公使館に勤務したレ・オリファントは以下のように書いている。

江戸の街には犬がはびこっている。コンスタンチノープルのみじめで汚らしい野良犬や、インドの宿なし犬の類ではない。つやつやして、よく肥えた図々しい獣で、主人はいないが、部落に育てられ、部落に反抗（貢献？）しているらしい。（略）彼らは、種族として、これまで私が見たもっとも見事な街の犬というべきである。『エルギン卿遣日使節録』（仁科、２０１３、２２８頁、原著引用文）

犬がその社会の鏡であるなら、「もっとも見事な社会」がそこにあるのだ！

日本列島はその自然環境は実に多様で複雑だが、列島住民はお互いを同胞として尊重する共同体感覚を持っている。神社の数やお堂の数、そして祭りの数は、村落共同体の数をこえてそれぞれに共通の目的を持った人びとの集まりの数だけあるが、同時にその相互を互いに結び合う公（おおやけ）がある。江戸幕府が大公儀と呼ばれていたように、列島住民全体におよぶ公概念が日本人にはたしかにある。

村落共同体の境をこえ、幕藩体制下では国境であった藩境をこえて、山河をこえて伊勢神宮まで行って帰ってくることができる犬がいるのは、それを支える人間社会の側の体制が整っていたことに加えて、日本人の犬への特別な思いいれがある。犬の眷属が「おおかみ（大神）」と呼ばれて尊ばれていたことは、日本人が犬を介して、野生の動物たちを「神」として尊敬する心を保持していたことを示している。弘法大師が高野山を探すときに山の神とともに二頭の犬が案内したという伝説も、狩猟採集民時代からの人びとの自然崇拝を仏教と折り合いをつける手法だったのかもしれない。

　この犬まで含めて「神々」としてうやまう心を持つこの国では、犬が伊勢参りをすることが社会的な規範の中で受けいれられると、犬本人（というのも変だが）までが他の犬たちと争うことなく一〇〇〇㎞をこす旅ができる、という奇跡的な事実がある。

　だが、司馬遼太郎を先頭として、これを受けいれない一群の人びとがいる。

　それは、日本列島という特別な列島内で起こった奇跡的なできごとを、認められない人びとの一群れである。日本人を特別な存在として認めないのは、たしかに合理的な姿勢なのだが、実際に起こったことさえも否定することで、日本人や日本文化がかえって見えなくなってしまう。

　犬を鏡として見れば分かるように、日本社会では公（おおやけ）の概念が確立していた。祭りがそうであり、神社がそうである。そして、そのすべてを体現する存在として犬がいたのだ。唯一神を持つヨーロッパ人から見れば、それは「迷信」であり、多神教であり、土俗信仰であろう。しかし、犬が人間社会に果たす役割は、まぎれもなく大きい。かつてあった日本の村落共同体の中では、子どもたちはお堂や神社の縁の下で生まれる子犬たちと大きくなったからである。勇気も忠誠心も学ぶことがあっただろうが、なにより走り回り遊び回ることを共に学んだのだった。アリュート族が子どもたちを科学的に鍛えたように、犬たちも子どもたちを鍛えたのだった。

　犬とは公であり、犬をそのように成り立たせる社会にはまぎれもない善意があった。

　司馬遼太郎は、この公の心をついに理解できなかった。それが、西郷を理解できなかった理由であり、三島由紀夫にも同情心を持てなかった理由である。なぜなら、司馬は公を語る人間をサギ師だと確信しているからである。それは軍国時代を過ごした人間のひとつの自己防衛の心術でもあった。サギ師たちが居丈高に神国日本を叫び、大義のため公のために死ぬことを強制した時代の若者たちのひとりとして、自分を守るための鎧だったと言ってもいい。しかし、そのことと公を理解できるかどうかは、また別ものである。

　自分の利害でしか動かないのが人の常だが、そういう人間たちが多い中で公という概念を実社会に根付かせたのは、日本列島住民だった。それは共同幻想とは、またまったく異なるものだ。それは、犬をなかだちにしているからである。

これは夢か

「江戸時代には、犬がお伊勢参りをしたらしいよ」

　私は遠藤研究室（東京大学総合研究博物館）で、いあわせた学生たちに、読んだばかりの仁科の『犬の伊勢参り』をネタに「物知り顔」に話しかけた。すると、そこにときどき出入りする三〇歳すぎの若者が「そうですよ」と軽くうけながした。

「私の村でも、そういう犬がいたそうです」

　時は、二一世紀である。一八世紀末から一九世紀の江戸時代の話だから、三〇歳そこそこの若者が体験しているはずもない。若者の返答を聞いた私のほうが驚いてしまった。

「どういうこと？」

「たいしたことではありません。私の村は貧乏だったので、自分たちはお伊勢参りができないから、代わりに犬に行ってもらっていたらしいですよ」

あたかも、昨日の話のようである。

「いつの話？」

「もちろん、今じゃないですよ。昔はそうだったって、父から聞きました」

「君、国はどこ？」

「埼玉県の大宮です。というか、大宮駅からはちょっと離れています。武蔵一宮（いちのみや）の氏子です」

『犬の伊勢参り』という本を読んだ時にも驚いたが、間近で実体験に近いものを語られて、もういちどほんとうに驚いてしまった。どうも、日本には、わけの分からないことがいっぱいあるが、これもそのひとつである。

埼玉県大宮から伊勢までは、鉄道もバスもない時代にはとんでもない距離である。江戸時代には東海道も整備され、お伊勢参りも社会の慣習になっていたから、旅の環境はそれなりに整っていたのだろう。しかし、宿駅だけでも大宮から伊勢の山田まで五五駅もある。しかも、それは人のことである。その社会環境が犬に及ぶのは、どうみても世界の珍現象である。そこに深い意味がこめられていなかったら、そのことのほうがおかしい、というような事象である。それは、この本の著者仁科自身が「あとがき」で、以下のように書きとどめたほどのことである。

犬はどのようにして伊勢参りを始めたのか。その謎は本書の中でほぼ解明できたと思う。しかし、それでもなお犬の伊勢参りは、なにか夢物語のような気がする。（仁科、2013、252頁）

その夢物語の「意味」を探ってみたいと思ったのが、本書のそもそもの始まりだったかもしれない。

今ようやく、ここまでたどりついて、明治以降、犬の個人所有が法制化され、第二次大戦以降、犬をつないで飼うことが義務化されてからの日本の犬（と子どもたち）は、かつての日本列島住民の犬とのおおらかなつきあい方とまったく違って惨めなのではないか、と思うようになった。犬を鎖につなぐことで、その大本にあった大神まで、忘れてしまったのではないか？　社の森のまわりで、犬の子といっしょに駆け回る子どもたちの姿がないのは、現代日本の絶望的な風景なのではないだろうか？

3　人は論理と言葉を犬から学んだ？

ホモ・サピエンスはその歴史上でもっとも困難な時を一万二〇〇〇年前の最終氷期の極大期（ヤンガードリアス期）に迎えた。その時、南極点に向かう最初の探検隊と同じ、あるいは、アフガニスタンの即席爆弾の地雷原に向かう兵士たちと同じほどの危難に、人類は直面した。そこでは、現在の北極圏アラスカでの生存と同じように、犬が元気なら人間も元気だった。その極限をさらにこえる局面での犬との対話は論理的でなくてはならなかった。

「丁寧な言い方に変えてみた。……すると、レックスは言う通りにした」

ここにこそ、犬と人間の「同じ言語」の起源が描かれている。

「丁寧な言い方」に変えた命令を受けて「言う通りにした」犬に、ハンドラーは何をしたか？　何もしなかったはずはない。

マリア・グッダヴェイジ著『戦場に行く犬』は、三歳犬のフェンジM675とハンドラーのマックス・ドナヒュー伍長がアフガニスタンで即席爆弾ＩＥＤを捜索している場面から始まる。一〇人の海兵隊員がいっしょだ。

この日、みなが生きて帰れるかは、フェンジの鼻にかかっている。（グッダヴェイジ、2017、10頁）

皆が行くはずだった道路から一歩離れたところで、フェンジは伏せをして尻尾を振り続ける。ＩＥＤを発見したのだ。

静かな空間を切り裂くように、押し殺した、しかし熱のこもった声が響いた。「フェンジ！さすがだ、よくやった！」訓練であれば、ドナヒューはもっと称賛を浴びせただろうが、ここには本物の爆弾がある。短く褒めて、フェンジを呼び戻すと、そこから「ずらかる」ことにした。

（同書、12頁）


同じように、命にかかわる捜索にはじめて真剣に対処したレックスに対して、ハンドラーのイングラハムは、ドナヒュー伍長と同様に、褒めちぎったはずである。しかも、実戦ではなく、訓練中である。どれほど褒めても時間はある。

「よくやった！　お前は最高の犬だ！」と言っただけでなく、コングを投げ与え、犬が気持ちよくなる耳の後ろを撫で、あるいは抱きしめたかもしれない。なぜなら、ハンドラー訓練生が最初に学ぶのは、褒め方なのである。

この経過をたどってはじめて、言うことを聞かないレックスが戦場に行くことができる捜索犬に変身した。その核心は「一オクターブか、それ以上の高い声」の「褒め言葉」にある。それは正確に「褒めている」という記号音声なのだ。

逆に、犬を「叩く」という行為は、犬の側に不快感を巻きおこすだけだが、「叩かれるのと同じ音」の「鳴らし竹」は、犬に明確な禁止記号となる。人間の「怒鳴り声」は、そのときどきの人間の感情によって左右され、人間よりも遥かに耳のよい犬にとっては明確な信号として受け取るには不安定だが、「鳴らし竹」の音波は一定だから、人が意識的に出すふつうより「一オクターブか、それ以上の高い声」と同じように、犬と人間とが共有できる音声言語となる。

即席爆弾ＩＥＤは、訓練ではことさら犬にとって意味のない対象である。ただ、塩素酸カリウムのような爆薬に関係する臭いをかぎ当てただけで、大好きな人からこれほど喜んでもらえるということが自分の喜びになる。これを、決定的に条件づけることこそ「褒めている音声記号」である。これこそ、多くの若者を勇んで戦場へと向かわせるほどの条件づけである。仲間の、特に尊敬するちょっと上の（上司ではなく、兄のような、同志のような）人の褒め言葉は、命をかけて勝ち取るほどの価値がある。その戦場で力を見せた若者は、「その体重と同じ重さの黄金と同じ価値があるヤツ」とまで褒められるのである。

犬には褒め言葉が必要だということには、もっと重要な先がある。

そもそも褒め言葉とは何か？

褒めるとは「できましたね」ではなく、「よくできました！」である。このどこがちがうのか？

ポイントは「よく」という形容詞である。

任務をまっとうして一〇人の隊員の生命を守った犬を褒める「お前は最高の犬だ」という言葉のポイントは「お前は犬だ」ではない。「最高の」である。ポイントは形容詞なのだ。

同じ種は、同じ感覚を持っている。二人が立っているこの状況下で「あれ」と指させば、どちらの人間にとっても同じものを意味する。それが危険なものであれば「あれ」を指しているのは、よほど注意しなくてはならない、ことを意味する。だが、種が異なれば同じものを見ても同じ危険を感じるわけではない。ヘビは人間には恐怖の対象かもしれないが、犬にとっては食い物としての獲物か、無視すればいいものでしかない。まして、人間のつくった爆弾など、犬にとって意味があるはずがない。

では、これほどに異なる異種間の意思疎通は、どうやってできるのか？　それをレックスとイングラハムの例は、見事に描きっている。誰にも馴れず、誰の言うこともきかないが、イングラハムだけにはわずかに馴れて「その指示だけは、どうにか聞く」犬がレックスであるということが、突破口である。

犬の側が人間を選ぶ。それが前提である。それを「気が合う」というか、「相性がいい」というかはともかくとして。だから、犬が気に入った人間の言うことを理解しようと思いはじめている状態が、前提となる。

一般的には、人は「犬に言うことをきかせるためには強く怒鳴る必要がある」とまず感じる。「恐れ入って服従させて、言うことをきくようになるのだ」と。「その命令は簡潔なほどよい」と。「行け」「伏せ」「止まれ」「戻れ」と。

しかし、実際の戦闘では、それではすまない。

「この臭いのする爆弾を探せ。それが近くになったら、止まってシッポをゆっくり振れ。そして、伏せろ」

これが一連の命令となる。そして、この命令に従ったら、間髪をいれずに「レックス！　さすがだ、よくやった！」と賞賛の言葉をかけてやらなくてはならない。コングは賞賛を形にしたものだが、犬にとってそれ以上の喜びこそ、主人の犬に対する「賞賛の言葉」、しかも、犬に分かるように「人の感情に左右されない賞賛の言葉」なのである。

異種間のコミュニケーションには、ジェスチャー、視線、体臭、感情、そして音声のすべてが必要になる。ボノボとのコミュニケーションに必要だったレキシグラムに対応するのが、犬の場合には感情に左右されない記号としての音声言語なのだ。幸いなことに、人間の側には母音と子音の組み合わせによる音声がすでにあった。この音声は、もちろん感情的に高ぶって使うこともあるが、平静に語れば記号として役立つ。これが「物の分かる人に話すように話せ」ということの意味である。くどいようだが、もう一度、レックスが言うことを聞くようになった瞬間の記録を見てみよう。

　レックスは何もしなかった。……「それでもう、ひたすら怒鳴ったわけ。……」……
　でもイングラハムは、自分に耳を傾けてくれる人に対するような、丁寧な言い方に変えてみた。「レックス、ゲット・オン」。……すると、レックスは言う通りにした。(同書、２５１頁)

レックスはイングラハムの怒鳴り声の命令には、言うことを聞かなかった。しかし、「丁寧な言い方」にはすなおに従った。そこにポイントがある。

人は言葉を誤解している。

人は言葉が感情を示すと思っているが、それは逆なのだ。

相手が怒り狂った形相で、腕を振りまわして「好きです！」と叫んでも、怒鳴られた側は相手が何を言っているのか理解できないだろう。これは、敏感な犬の聴覚にとっては、殴られながら「好きです」と言われているのと同じことである。

この怒りや喜びや悲しみをこえた、相手の人格を尊重し、その理解力を自分と同程度かそれ以上と認めた、丁寧な一連の言葉が犬と人の間をつなぐためにはどうしても必要になる。このことこそ、人の言葉の起源を明らかにする。それは怒鳴り声ではダメなのだ。

「自分と同程度かそれ以上と認めた」と書いてから初めて、アッと思った。これはホー・チ・ミンを形容する「恕（シュ）」ではないかと。第二次世界大戦の間、現代ベトナムの建国者ホー・チ・ミンとの連絡係だったアメリカ人チャールズ・フェンは語っている。


ホー・チ・ミンの性格には他にも何ものかがあって、他のいかなる最高の政治家にも、（より人間的とみられる二人だけをあげるが）ガンディやネルーにさえもみとめがたいものである。それは、孔子が「恕」と呼んだものである。正確にそれに対応する言葉は、英語にはない。しいて近い言葉をあげれば、人間はみな兄弟であると自覚している二人の人間の間のあの反応という意味での〝相互関係〟である。（フェン、1974、上巻107頁）

このホー・チ・ミンに由来する人間の心性を、フェンは「ホーチミニティ」と呼んだ。ヒューマニティーでは表しつくせないもので、「英語には正確に対応する言葉がない」らしいが、日本語にも適切な言葉が出てこない。孔子の「恕」は「おもいやり」とも訳されるが、それでもこの言葉の意を尽くしきれない。それは、「相手を対等者として対応する関係を創る生き方」である。

「言葉」は、このような関係の中でだけ意味を持つ。そうでなければ、同じ種の中では身ぶりと表情だけで正確にコミュニケーションができるのだから、わざわざ言葉に変換する必要はない。

即席爆弾を探知する犬を一種の機械としてみて命令をするのではなく、「自分に耳を傾けてくれる人に対するような、丁寧な言い方に変えてみた」ことの中にこそ、言葉の真の起源がある。それは、単語ひとつの命令や怒鳴り声では、決して表現できない気持ちというものである。

気持ちとは何か？　この協同の仕事を完成しなくてはお互いが生きていけないという臨界点で、仕事内容についての理解を共有しようとして生まれる共通の感覚を犬と共有するためには人の側の感情に流される「気持ち」では通じない。人と犬との間で通じるコミュニケーション手段は合理性のある音声記号であり、それこそ言葉なのだ。

言葉の本質は、怒鳴り声の中にはない。言葉をかける相手を自分と同等かそれ以上と認めて語りかけるときに、言葉は初めて人間の不安定な感情に左右されない音声記号となり、犬との間で意味を持つようになる。

人が犬とともに南極点へむかう過酷な旅は、生存の極限を超えるものだった。しかし、即席爆弾の脅威にさらされる戦場は、この極限をさらに超えている。そこで生きのびるために必要な役割を犬に伝えるためには「自分に耳を傾けてくれる人に対するような、丁寧な言い方」が決定的なポイントである。不安定な人間的感情に揺れる気持ちを出してしまう言葉は、指示する記号としては犬にとって何ほどの意味も持たない。平静で公平で安定した信号を与える「丁寧な言い方」こそ、記号としての音声言語、言葉である。

そこにこそ、言葉の起源がある。

音声言語の言葉がなければ、仕草があり、ジェスチャーがあり、手話がある。だが、それは人間同士の、つまり同種間のコミュニケーション手段である。子どもたちだけで創りだしたニカラグア手話は、人間同士だけなら音声言語は必要ないことを、逆に示している。

手話は、同じ種間のコミュニケーションの手段となり、異種間でもコミュニケーションの手がかりとなる。対象を指し示し、それへの褒賞を描いて見せることもできる。だが、それはコミュニケーションの物々交換にすぎず、心のコミュニケーションにまでつながらない。

犬との協同作業は、危機のぎりぎりの刹那には、もっと先に進まなくてはならない。もっと生存に直結することで、微妙極まりない感覚を共有することができなくてはならない。命令や脅しでは決してこえることができない究極の難問というものがある。ヤンガードリアス期の危機的な寒冷や気候激変期に、氷穴に落ちて脱出する手立てがない時、土砂崩れや落石あるいは氷の塊に足をつぶされて動きがとれない時、どこかへ、誰かに救助を頼むために犬に告げるのは、混乱し、激昂し、恐怖にかられ、絶望してあげる悲鳴や命令ではない。犬には人がなぜこんなことくらいで、つまり「生死がかかるくらいのことで」極端な感情に走るのかが、そもそも理解できない。犬は毛皮を着ており、絶食もできるので、事態が好転するまで耐えることができる。その上、犬は現在直下だけを生きることで「永遠に生きている」ものだから、人の絶望の理由はきちんと説明してもらわないと、理解できない。絶望的な状況の中で、犬がどこで、何をすればいいのかを、的確な言い方で、切羽詰まっていればいるほど、感情に溺れず恐怖を臭わせない中立的な、記号としての言い方で、音声言語として伝え、正確に命令すればいいだけである。それこそが「丁寧な言い方」という意味である。こうして、人は犬から論理を学ぶ。

シカの狩猟では犬と人の協同作業は、それぞれの種の協同作業を二つの種に拡大したものにすぎない。しかし、イノシシの狩猟は犬に生命の危険を負わせ、その技量と精神的強さの血筋がカギになる（これは、本当は犬の側だけではないのだが、そこに踏みこむと実に危険な問題が待っている）。

かつてこのような犬の群れとともに暮らす人びとがいた。明晰（めいせき）な、短い声で犬の群れを統括して、食料を調達し、村を防衛して共同体の繁栄の礎を作った人びとがいた。山にも川にも海にも、動物にも植物にも神を感じたその人びとは、犬を神々の一員に入れていた。そして、その犬の眷属で、野生のまま誇り高く生きているものを「大いなる神」と呼び、自分たちをその子孫だと位置づけたとしても何も不思議はない。そのように、モンゴル人は蒼き狼を始祖とし、トルコ人は空の色のように青い

写真14　神田明神の狛犬

たてがみのメス狼を民族の母とし、日本人は「オオカミ」と呼び、「大口真神（おおくちのまがみ）」と崇めることになった。

その人びとの共同体のひとつ、日本列島住民の集落には、かならずどこかに森があった。その森に守られ、その森を守る社があった。その社の入り口には、犬の石像が置かれた。石で創られた狛犬は、共同体の続くかぎり共同体の拠点を守る犬を象徴していた。

社の縁の下では、犬が子を産んだ。子どもたちは、この犬の子たちと果てしない遊びの時間を持った。その無限の遊び時間の間に、人の子どもたちは犬の子の賢愚を見分け、使い道を学んだ。犬の能力を知り、その使い道が無限にあることを知った子どもたちが犬を訓練しようとすれば、ある法則にしたがわなくてはならないことを学んだだろう。それは、明晰で、短く、つまり合理的な、そして相手を同等の生き物として尊重した言いかたを選ばなくてはならないこと、である。

飢饉の時に命がけで獲物を獲り、道に迷った子どもを見つけ、遠出した老人を見つけて村の人びとに貢献し、天寿をまっとうした犬たちを手厚く葬る人びとがいた。そこでは村の鎮守の森に新しい墓が建てられただろう。かけがえのない共生者は、いつかあたりまえの存在になって人びとに寄り添って暮らすようになった。

そして、人の社会は狩猟から一歩先へ進む。ヒツジやヤギの群れを飼育しようとすれば、狩猟とはまったく異なる状況が生まれる。犬にとっては、ヒツジを倒していっしょに食べるならシカの狩猟と何も変わらないが「ヒツジの群れを集めてここに連れてこい」という命令は、人間の都合だけのことだ。即席爆弾ＩＥＤの場合と同じように、この場合のヒツジの群れも人と犬という異種同士で、価値を共有できるものではない。この異種間の対象ギャップを超えるためには、身ぶり手ぶりの情報の物々交換では果てなく複雑な面倒なことになる。この場合の共通の貨幣こそ、音声言語、言葉なのだ。それも論理的なひとつながりの言葉、「レックス、ゲット・オン」である。ここには、それまでの訓練で教えたすべてが含まれる。それを、あらゆる感情的な夾雑物（きょうざつぶつ）を除いて伝える手段こそ、論理的に構成された言葉である。そこにまで至る道は、五〇〇〇年間という狩猟採集の共存の時代に着々と準備されていた。子どもたちは好みの犬の子といっしょに暮らし、お互いに共有できる言葉を音声言語として持つようになり、大人たちは狩りの場で犬たちに命令し、協同する言語を創り出していた。犬には妄想はないから、犬の心に合った音声言語が必要とされた。

人という妄想と幻想に支配されやすい動物は、犬と語りあう時に犬が妄想に怯える心を持たないことによってはじめて、事実が何かを知ることができ、論理を学び、論理的な音声言語を構築することができた。その音声言語によらなければ、犬に命令を正確に伝えることができないから、人の側は自分の妄想を矯正する物差しを持たざるをえなくなった。

そして、犬の側がこの命令を正確に実現できた時に、「お前は最高の犬だ」という甲高い声の褒め言葉が使われる。犬の側には、その声だけで満足できる心がすでにある。それがときどき分からなくなるのは、より複雑な心の迷路に入り込み、妄想に圧倒される人間の側である。

一一歳の盲目の少女エスターに希望と自立と誇りをもたらしたのは、盲導犬のラバーニーズ（知的で忠誠心の強いバーニーズと力が強く性質のよいラブラドールの交配品種）のカイエンヌだった。エスターはカイエンヌと暮らすことで、普通の少女の遊びもできるようになった。

「カイエンヌは私だってちゃんと人間なんだっていうことを感じさせてくれる」のだと、エスターは語る。犬は障害者に人としての誇りをもたらす。彼らが協同して広く複雑で危ない交差点を渡る情景は、ドラマである。


いつ渡るかを決めるのはエスターで、必要な場合はカイエンヌが引き止める。車が向きを変えてこちらに向かってきたり、進路をふさいで止まったりした時に、素早くエスターを方向転換させるのはカイエンヌの責任なのだ。……カイエンヌといると安心できる。カイエンヌが忠実で、自分のためならどんなことでもしてくれる。自分のために命を投げだすことを知っているから。だから、渡れる。（ウェイズボード&カチャノフ、２００３、２５４頁）

エスターははっきりと「進め」と言い、渡り終わった時には「いい子ね」とＭＩＲＡ（注３）で教わったフランス語で褒める。この場合の記号言語は、フランス語になる。

犬とともにいることで、人間としての誇りを取り戻せた障害者が多いことには驚くしかない。アレンは湾岸戦争で負傷し、身体機能の六〇％を失い車椅子で家族の元に戻ったが、娘は父親のあまりのかわりように耐えられず、家を出て寄宿舎に入った。
心を閉ざしたアレンは犬たちを見ても何の関心もなかったが、ラブラドールの介助犬エンダルは、アレンに初めて出会った時からアレンの気持ちを引こうとしてがんばった。

犬たちは何度も僕のところに寄ってきた。押し返してもまた戻ってくるんだ。それで最後には僕から犬に話しかけていたよ。笑いながらね。（同書、２３８頁）

このペアが試みたのは、家を出て寄宿舎へ入った娘の学校に行って、訓練された介助犬の驚くべき腕前を紹介することだった。子どもたちはこの試みに拍手喝采し、アレンの娘は父親の傍らに「誇らしげに立った」。（同書、２４５頁）
笑いと誇り、はっきりした音声言語とくり返し。犬と人との間に生まれる絆には、あきらかに共通の項目がある。
常にそばにいて、決してそこから離れず、あらゆることを知ってなお常に同意し、相手のためには命を投げだすこともいとわないけれど、まったく異なる世界を見ている別種の存在こそ、合理性の出発点である。

合理性はお互いの関係が同等であるという前提で、相互にそれぞれの違う見え方を尊重する時にはじめて出発できる。その両者が同じ目的にむかって行動しなくてはならない時、犬と人との間の確実なコミュニケーションを決めるものは、この合理的な音声言語の言葉である。

犬は大好きな人のかたわらに常にいる。常にいっしょにいて、常に同意しながら、まったく異なる世界を見ている。その時、人は心が解放されるのを感じる。人同士の間の絡み合った妄想の関係から解き放たれているからである。

人が犬のそばでは、信じられないほど饒舌になるのは、実にそのためなのだ。

おわりに

思いつくままに、どこかで見たこと、経験したことのうち、犬について、どうしても書き残しておきたいことを列記してみる。

まずは「ＮＨＫスペシャル」として放映された番組「ベイリーとゆいちゃん」である。

小学生の「ゆいちゃん」は、手術を受けることになった。大きなラブラドールの「ベイリー」は、その手術が行われる神奈川県立こども医療センターのセラピー犬だった。

五時間におよぶ手術のあと、麻酔が切れると刺すような痛みが続き、ゆいちゃんは眠れなかった。

翌朝、眠れないゆいちゃんの部屋をベイリーが訪れる。ゆいちゃんはベイリーを撫でたいけれど、痛みで体が動かない。ベイリーはゆいちゃんに近づき、ベッドの上に乗った。ベイリーの体を撫でるゆいちゃんの指先がやさしい。

ゆいちゃんは入院して以来毎日、日記をつけていたが、その日の日記にはこう書いた。

「ベイリーが来てくれて、結の横にねてくれた。ベイリーが大きいから人間みたいに見えた」

テロップはそこまでだが、ゆいちゃんの声がそのまま続く。

「おなかは痛いけど、ベイリーがいるとリラックスできてうれしい。ずっといっしょにいたい」

看護師の話が入る。

「きのう、ここ通ったんですよ。そしたら、ここでクンクンクンクンクンって。この匂いはゆいちゃんの匂いって思ったみたいよ」

ゆいちゃんがそれを聞いてわずかにほほえむ。ほほえむだけでも痛いのだ。

ベイリーが部屋に入ってから三〇分後、「そろそろ行きましょう」と看護師がベイリーを促す。しかし、ベイリーは動かない。看護師は驚く。言うことを聞かないベイリーではないはず。

「ベイ君、せいのー。ベイリー、オフッ!」

看護師はリードをひっぱる。いつもは看護師の指示に忠実なベイリーが、動こうとしない。

「せーの、スタンド! せーの、オフッ! さ、行こう!」と、看護師も意地になっている。だが、それでもベイリーはびくともしない。

そのうち、ゆいちゃんはウトウトし始め、ベイリーの頭を撫でていた手がパタリと落ちた。

ナレーションが入る。

「ベイリー、安心したかのようにようやくベッドを離れました。ゆいちゃん、ゆっくり休んでね」

（二〇一九年一月二七日放送、NHKスペシャル「ベイリーとゆいちゃん」より）

たぶん、「患者ひとりに対し三〇分間を限度とする」とかという内規があって、看護師はベイリーを連れ去る時がきたと判断したのだろう。しかし、ベイリーの判断はちがう。

「ゆいちゃんの痛みを軽減することが自分の仕事であり、誇りである。それができないうちに中断はできない。ゆいちゃんが痛みを忘れて眠りについてはじめて、自分の仕事は完成する。私はそれまでゆいちゃんのもとを離れない」

この場合、犬と人、どちらが合理的な判断をしているだろうか？　人の判断は慣習的な、悪く言えば杓子定規な規定の虜である。

多くの本気のブリーダーたちは、犬にも賢愚があり、犬にも自主的判断があることをはっきりと言っている。命令と服従の一方通行ではなく、犬の自主的な判断がその場に合って正しいことを示す例は多い。

このテレビ番組は、その瞬間を切り取ったという意味で出色の映像だった。

ベイリーが病室にやってくる。ベッドにあがる。ゆいちゃんが撫でてほっとする表情がある。そこまでなら、あたりまえのテレビ的な映像でもあろう。しかし、すべての撮影スタッフがそれから三〇分間、ずっとその様子を見まもりつづけていた。テレビ番組に関係したことのある者としては、この番組に対する製作者の熱意が感じられた映像でもあった。また、それほどにベイリーの平静な熱意（変な言い方だが、人にはないものかもしれない）が、テレビの製作者に影響を与えた、と言えるかもしれない。

「いつも、犬の意見をきけ！」と。

こども医療センターで、終わりのないかのような治療と手術を受ける子どもたちを見ながら九年間つとめてきたベイリーは、病院長も言うように「病院の大切なスタッフ」なのである。

＊

いつも以上に真夏の壮大な青空が広がっていた。それを見上げた時、「もう間違いない！」という実感がうまれた。目の前が明るくなるのを感じていた。

コーヒーを一杯だけ頼んで、マダガスカルの空港のラウンジから滑走路に広がる高い窓を正面にした時だった。いくつかの自分の考え方を確認できる実感の瞬間を感じてきたが、自分の視界が明るくなったという感覚は、はじめてだった。

そのカフェにも愛犬リリーを何度連れてきたか数えきれない。なにしろ、リリーはマダガスカルと日本の間を五往復半もして、ここで死んだのだから。が、今ハッと思い当たったのは、わが愛犬にしつけは一切しなかったのに、カフェでも機内でもまったく問題を起こさなかったことだ。ひたすら可愛いだけの犬と思ってきたが、犬を連れて入っていいパリのレストランやカフェでも、あの長いマダガスカル―成田間の飛行機の中でも、足元の狭いバッグの中に入って顔だけだして、ほんとうに静かに過ごしていた。

あれは、名犬だったのだ。

私たちが犬について知り始めたのは、ごく最近なのだ。それまでは都合のよい隣人としか思ってこなかったのだが。

＊

人の褒め言葉は、なぜこれほどに心に残るのだろうか？　なんども「まさか、そんなことはないよ」と思いながらも、なんでもないことで声の良さを褒められて、心の底には小さなあたたかな喜びがつづいているのを感じている。たかが、声のよしあしの褒め言葉くらいのことが、これほど心に影響を与えることが不思議で、なぜだろう？　とずっと思ってきた。

その疑問が、不意にほどける時が来た。

マダガスカルに植えたラミーの木は、アイアイが食べ残した種子から育てたもので、一九九八年一二月にアイアイの最初の赤ん坊が産まれた時に発芽したものだった。ラミーは「カンラン科カナリウム属」の高木になる熱帯の木で、アイアイがその種子の堅い殻を削りあけて、クルミと同じほどのカロリーを持つ仁を食べる。

種子からの可愛い芽生えを知っているこの木は、二〇一六年には直径二〇㎝をこえる幹を持つ大木の風貌を見せはじめた。その年にメンフクロウが昼の宿りに使うようになった。妻はそれを見て「なにか、すべてが報われた気持ちがする」と声に出した。

私はアイアイの主食となる木をひたすら作っているつもりだったが、フクロウが宿にするのを見て、「自然の側からの評価は思いもよらないところからくるものだ」と思った。そして、妻がそれほどに心打たれるのは、いったいなぜだろうか、とも思った。

人の褒め言葉が心に残る以上の力で、育てた木を「昼の宿に使う」フクロウという天然自然の側の評価に、私たちは感動したのではないだろうか？　道元なら「万法に証せらるるなり」と言っただろうか。

「認められた」という思いは、これほどに人の心を深く打つ。それが遠い関係であればあるほど、そこには評価の客観性があると感じられるので、「まがうことのない褒め言葉をもらえた」と喜ぶ心を生み出す。

孫を六年間観察した時には、常に彼女の行動を肯定し、褒めつづける祖父母のいることが、どれほど彼女を勇気づけるかを見た。七歳違いの孫ふたりの関係からは、尊敬心と自信の根拠を見た。彼女たちには尊敬心と尊敬されることによる自信が生まれ、それは「折れない心」が生まれる現場だった。

犬は常に主人の傍にいる決して否定しない味方であり、命をかけても主人を守り、忠誠をつくすことで、人の心に決して消えない自信と勇気を与えつづける。犬のこのような態度は、人にとっては究極の褒め言葉であり、自信の源泉であり、勇気の源である。しかし、それには、理由がある。

子どもにとって両親は、あまりにも近い存在なので、常に依頼心と反発心の双方がせめぎあう関係をつくり出すが、少し年の離れた兄姉や叔父叔母たちは、この上ない庇護者であり、助言者となり、尊敬心を抱かせる。この年上の人びとの語ることは、それが自分への褒め言葉の場合は、終生忘れないものとなる。「いい絵だねえ」というひと言が人生の転機を作ることさえある。祖父母はこれらよりももっと離れているので、その褒め言葉は、その子どもに「根拠のない自信」をもつ性格の基礎部分を作り上げることができる。自分自身を肯定できる性格が形づくられるのである。

フクロウは自然界の代表であり、彼らが選んだ木には間違いがない。二〇年をかけた植樹の成果が、まったく意外なところで、思いもしなかった自然によって認められたという感覚は、深く重い。犬は祖父母とフクロウの中間に位置している。天然自然のものから評価されることは、誰もが経験できることではないが、犬は身近にいる。犬に認められることは、天然自然の側の客観的な評価だから、子どもにとって「誇り」となる。祖父母の「褒め言葉」は孫たちに「自信」を与えるが、犬になつかれることは、それをこえる。「誇り」は、もはや折れることのない強い心を創りだす。

＊

佐々木伸雄先生（注1）　二〇〇〇年五月一二日一二時一三分　アドバイスをありがとうございました。

今朝（五月一二日午前一〇時）、昨晩一〇時の発作に続いて、また（リリーが）発作を起こしました。先生のご指摘の……

と先生へ連絡しようとしたところ、二階にリリーを抱いて行った妻から「ちょっと！」と呼ばれ、あがって見たのですが、痙攣を起こしていました。「気持ちよさそうに伸びをしたの」という妻の腕の中で二度三度と首を伸ばし、手足を痙攣させ、数分後にぐったりしました。リリーは妻に抱かれて死にました。午前一〇時一四分でした。

今も妻はリリーを抱いたまま泣いていますが、天寿をまっとうし、しかも直前まで庭で歩いて、おしっことうんちをしたのですから、ほんとうに最後まで元気で手のかからない子でした。

今朝、リリーは食事をもうほとんどとらなくて、ただチーズだけを欲しがって、ふたつも平らげ、そのあと水をたくさん飲んで、庭に出て、おしっことうんちをしました。

いつもはチーズを食べてもひとつだけなので、妻が「いいかしら？」と聞くので、私はほとんど最後だな、と思って「食べたいだけ食べさせてやろう」と答えたのです。

そのあと、遅い朝食の続きにとりかかろうとして、部屋から庭に出て外を歩いているリリーを見ていました。その様子は元気そのものでしたが、部屋に戻ってきたときフラッとして倒れかかったので、私が抱きあげると「クーン」というちょっと低い声で悲鳴をあげ、ぐったりしました。しかし、まだしっかりしているので、妻に任せ、「また発作が起きました」という報告を、先生に書いていたのです。

それがリリーの最後の朝でした。何も苦しまず、誰にも何の迷惑もかけず、リリーは死にました。妻はまだ信じられない様子で、「まだあたたかいのに、死んでないよね」と言っては泣いています。今朝、テニスから戻ってきた私を、立ちあがってしっぽを振って迎えてくれたリリーの姿を思い出します。それほど、最後まで元気でした。ほんとうにありがとうございました。

＊

老齢である。目が悪くなった。コンピューターの文字が見えない。見えても歪む。そのたびに「滝沢馬琴を思え」と自分を叱咤する。何しろ、かの文豪は目が悪くなって書く文字をどんどん大きくしていったが、それも見えなくなった。手伝ってくれた長男も亡くなったので、その嫁に口述筆記をするようになったが、もともと嫁には漢字の素養はなく、「いらだつ馬琴に嫁は泣く」との記録が残るほどだった。

文豪はともかく、こちらはひたすら目が疲れ、午後には気がつくと気絶している状態が続く。「気絶覚醒犬物語」である。

そうだ！　もう一度、犬と暮らそう。最後の犬だ！

リリー1992

この本のそもそもの発想を与えてくださったのは、石井勲さんと清水（安藤）鐵夫さんのイノシシ犬の創造の歴史だった。イノシシ猟に最高の性能を持つ犬を創り出す過程を、その発端から見ることができたのはほんとうに幸いだった。また、お二人から伺った話がなければこの本は成り立ちようがなかった。その意味で、この本はお二人との協同の作品であると私は心から思っている。

言葉の誕生については、得丸久文さんとの議論が常に心の中で反響している。彼の道元の思想を解明する切り口の鋭さは、私に論理がどのように生まれるのかを考えぬく手がかりを与えてくれた。

食肉目とイヌ科の動物学上の疑問点については、遠藤秀紀さん（東京大学総合研究博物館教授）に詳しく教えていただいた。最近の論文にまで触れることができたのは、遠藤さんと彼の研究室の皆さんのおかげである。そこで犬の伊勢参りの話までできたのは、僥倖という以上のものだった。

文京区立真砂図書館では、館内、区内だけでなく都内全域の公立図書館から書籍を手配してくださった。最近の公立図書館の充実したサービスに感謝申し上げる。

ミャンマーの旅では旧友倉田修三さんにお世話になった。「夢」に登場していただいたが迷惑だったかもしれない。もっともいつものことではあるけれど。

表紙と挿絵を姪の笹原富美代さんに頼むことができたのは、ほんとうに幸いだった。彼女は私の処女作といくつかの本の挿絵を描いてくれたのだが、体調不良でしばらく絵を描くことができなかったので、その回復の証しとして、ことさらうれしい。本書カバーの女性図は、阿部雄介さんの撮影した写真を借用させていただいた。

いつものように関係する書籍の収集には、妻節子の手を煩わせた。七〇歳をこして、まったく新しい分野に挑むことができるとは思いもよらなかったが、これも妻のおかげと感謝している。

この本を書き上げることができたのは、講談社学術クリエイトの林辺光慶さんのおかげである。まだほとんど形をなさない素原稿の段階から「ほめ続けて」著者に力を与えてくださった。しかも、最後の最後まで「ここは？」というだめ押しをして、著者の思考の甘さを絞ってくださったことが、結論部分を生み出す力となった。

注

〈はじめに〉

（1）オーストラリア、グリフィス大学考古学・文化人類学教授。
（2）アメリカ、メリーランド大学ジャーナリズム学部教授。航空母艦の戦闘機の整備士、ボルティモア・サン紙のサイエンスライターを経て、オレゴン州立大学教授など歴任。
（3）ニュージーランド在住。『ゾウがすすり泣くとき』（河出書房新社）など動物の感情世界を描く作家。

〈序章〉

（1）犬のトレーニングに使う笛で、人の可聴域をこえる二万ヘルツまで出すことができる。

〈第一章〉

（1）どちらも有名なこのふたりの動物学者の、こと犬についての理解不足は際立っている。カナダのブリティッシュコロンビア大学の心理学教授、スタンレー・コレンによれば、ダーウィンがコリア系の犬を偏愛し、他人からもらったタルボット・ハウンドを「文明社会になんの貢献もできない」とこき下ろしただけでなく、射殺させたという（コレン、2002、16頁）。また、ローレンツはヨーロッパの知識階級の家庭としては珍しく、子ども時代に犬を飼っていなかったし、のちにようやく飼った犬は「完全な低脳だった」と、ダーウィン同様にののしっている。（ローレンツ、1966、92頁）
　犬への偏愛ではなく、その公平な評価ができることは、実はその人の論理能力と関係するのではないか、と私は密かに思っている。

（2）ヨコスジジャッカル、セグロジャッカルの二種はイヌ属よりも遠縁なので、分類学上は従来どおり別属 *Lupulella* としたほうが合理的かもしれない。

（3）シンリンオオカミは北アメリカに広く分布するタイリクオオカミの亜種。

（4）一八八七年生まれ。アメリカ合衆国森林局に勤め、原生自然保護区の設定に尽力した。ウィスコンシン大学狩猟鳥獣管理学教授、アメリカ生態学協会会長。一九四八年、野火の消火中に心臓発作で死去。

〈第二章〉

（1）シンギング・エイプの着想は、言語学者鈴木孝夫氏の著書『教養としての言語学』（岩波新書460）に触発されている。彼はこの著書の「内容ゼロの発声行為」の中で、以下のように書いている。

「（人間が独自の進化を歩むようになったのは）人間の祖先の猿だけが音声を出すことに異常な興味を持ち、声を出すことそれ自体に快感をおぼえるようになった偶然の変化であると考えている」（同書、56頁）

（2）ジュリアン・ジェインズはプリンストン大学心理学教授（一九六六―一九九〇）で、動物行動学の研究者としてスタートし、人間の意識にかかわる研究を展開し、一九七六年に『神々の沈黙　意識の誕生と文明の興亡』（原題：The Origin of Consciousness in the Breakdown of the Bicameral Mind）を刊行した。この本は「20世紀で最も重要な著作のひとつ」と評され、「心理学、人類学、脳科学、歴史、哲学、文学にまたがる他に類をみない壮大な視野」に立ったこの著作は、ジェインズ生涯「ただ一冊の著書」である。（「　」内は紀伊國屋書店版の著者紹介から）

（3）日本列島に三万年前から入ってきたホモ・サピエンスのグループの第三の波で、一万三〇〇〇年前に北方から入り、九州まで広がって、それまでのナイフ型石器をもつ文化を消滅させた。これは細石刃技術と荒屋系彫器という特徴的な石器と時に土器を伴う文化だった。家畜化された犬を伴っていた可能性は高い。

細石器文化がヨーロッパやレバント（中東）で現れるのは一万年前である。最古の土器は二万年前の中国江西省とされる。江西省は揚子江の南に位置する、のちの越人の国、稲作発祥地であり、この最古の土器文化を発展させたのは、現代人の出アフリカグループの第一系統の日本人グループであり、のちに黄河流域でのコーリャン・コムギ栽培文化を展開した漢民族ではない。漢民族が「四〇〇〇年の歴史」を誇るとするなら、われらは世界最古の決定的なセラミック文化を発明した「二万年の歴史」を誇ることができる。

（4）本書では、「東アジア」をユーラシア大陸東部と同じ意味で、地理的な場所の呼称としている。

国際連合によるアジアの六地域は、「北」（ロシアとモンゴルの一部）、「中央」（カザフスタン、キルギス、タジキスタンなど五カ国）、「西」（ジョージアからアラビア半島諸国、トルコ、キプロス、イスラエルなど地中海の西岸諸国）、「南」（パキスタン、インド、バングラデシュとその周辺諸国、イラン）、「東」（モンゴル、中華人民共和国から韓国、日本など）、「東南」（中国より南、インドより東の地域のベトナム、ミャンマーなどの諸国）である。

欧米の伝統的用語では、「近東 Near East」とはギリシアを含むバルカン半島からアナトリア半島、レバント地域とエジプトであり、「中東 Middle East」は「近東」からイラン・アフガニスタンまでの地域の総称であり、日本とその周辺を「極東 Far East」とも呼んでいる。ヨーロッパ人にとっておなじみのこのアジアを細分する視点は、氷期のユーラシア大陸の地域わけにはほとんど意味を持たず、むしろ邪魔である。

氷期のユーラシア大陸を特徴づけるのは、北部と中央部と西部ヨーロッパ半島部の氷河と、その周辺の砂漠だけからなる広大な不毛な地域と、対照的に東部の海岸沿いの森林を含む緑豊かな地域である。このユーラシア大陸東部は、赤道直下の大陸スンダランドから、陸化した東シナ海、陸続きになった日本列島と北極圏の陸橋ベーリンジアまでの広大な地域を海岸部に持っている。

この「東アジア」地域は、内陸部の砂漠化した乾燥草原と、黒潮の影響を受けた海岸部の森林地帯との広大で複雑な植生混合地域であり、狩猟採集の遊動生活を送っていたホモ・サピエンスが定住して現代人となった揺籃の地である。

本書の「東アジア」は、この赤道直下のスンダランドから北極圏のベーリンジアまでをさしている。

（5）オキシトシンは脳の視床下部で合成され、下垂体後葉から分泌され、分娩時の子宮収縮や出産後の母親の赤ん坊への授乳を促進する効果が実証されている。抗ストレス作用、摂食抑制作用があるとされ、鼻から吸引すると金銭取引で相手を無条件に信頼するようになるとも言われている（が、このような実験はいつもうさんくさい）。さらに、犬と飼い主とのオキシトシン受容体遺伝子の個人やそれぞれの犬によって異なる遺伝子情報のわずかな違い（ＳＮＰ：一塩基多型）を使った研究では、犬の人への親和行動は犬と主人の両方のオキシトシン受容体遺伝子のＳＮＰと主人の個性や犬の出自が関係していることが明らかになっている。（Kovács et al., 2018）

（6）コトンドチュレアールとは日本人には聞き慣れない品種名である。これは、綿毛（コットン）のような見た目の品種で、チュレアールはマダガスカル南西部の都市名である。マダガスカルの借家の隣には、ポルカンという名前のこの品種の犬が中国人の家庭で飼われていて、あまりにもその毛が細いので、毛玉をとるためにはしょっちゅう梳かなくてはならないと、飼い主はため息をついていた。

カネコルソも聞き慣れない品種名だが、ロシア版「世界の最強犬品種」によれば、一位はセントバーナード、四位はアキタ、そして一〇位がカネコルソである。

〈第三章〉

（1）「環世界」とは、ドイツ語のウムヴェルトUmweltで、通常は「環境」と訳すが、エクスキュルはこれを「知覚世界」と「作用世界」が協同でつくりあげるひとつのまとまりある統一体と定義している。

（2）この「音楽研究所」の「動物の可聴域」一覧表では、その説明には「だいたいあっていると思いますが、研究用途などに使用することはお勧めしません」とある。むしろ、この限定が客観性を保証しているとも言える。この一覧表で面白いのは、「出せる声の音域」があることで、聞こえることと、声に出せることとの違いがよく分かる。たとえば、人間は一二〜二万三〇〇〇ヘルツの可聴域に対して八〇〜三〇〇〇ヘルツの声が出せるが、犬は一五〜六万ヘルツの可聴域に対して、四五〇〜一一〇〇ヘルツの声が出せる。これによれば、犬の出す声は、すべて人間が聞くことができるが、犬が聞いている高音は人には分からないことになる。

（3）ドールはイヌ族の中では、アフリカのリカオンについでユーラシア大陸に広がった種で、オオカミとは種が異なるだけでなく属のレベルで違うので、オオカミやイヌとの雑種は生まれにくい。ドールの大きさはイヌとほとんど同じだが、イヌのように人間に興味を持つことはまったくない。

(4)「一九六二年一〇月に、エリザベスは三年がかりになる実験の、第一歩を踏み出した。愛犬のアーリに読み書きを教えようと考えたのだ」(コレン、『犬語の話し方』、2002年、261頁)

最初はカップの上の皿を鼻先でのぞくという課題だったが、最後は犬が鼻先で押せる電動タイプライターが使われた。しかし、これはとうてい成功した実験とは言えない。だが、失敗を鼻先で笑うことは簡単でも、あらゆる大きな試みは無数の失敗に埋め尽くされている。成功するのは、長年の努力と忍耐、そして幸運にほほえまれた瞬間にだけ突然現れてはすぐに消える手がかりをつかむ用意ができている場合だけである。

(5)人間の大脳の九〇%を占める「新皮質」に対して、両生類や爬虫類で見られる起源の古い脳で「原皮質」にあたる。嗅脳の先端は球状になっているので、嗅球と呼ばれる。犬の嗅球は中型犬で約六gの重さがあるが、人間では一・五gしかない。

(6)原著(203頁)には、たしかにfore-brainとあり、この日本語訳は「前脳」でまちがいないが、「前脳」という用語は、脳の発生学で前脳・中脳・後脳と分けて記述する場合に使われ、前脳は中枢神経系の最先端部をしめす。それは大脳辺縁系を含む大脳の全体という意味になる。したがって、ここで解剖学的に正確さを期するなら、大脳皮質前頭葉(frontal lobe)とするほうがいいかもしれない。この部位は二五歳で完成すると言われ、統合失調症はこの部位の不全によるとされ、情動を社会的に適合させる部位であるとされる。

(7)アメリカの宗教家ロバート・フルガムの「クレド」(使徒信条)六箇条。『人生に必要な知恵はすべて幼稚園の砂場で学んだ』(河出文庫)

「想像は事実よりも強い。/神話は歴史よりも意味深い。/夢は現実より感動的である。/希望は常に体験に勝る。/笑いだけが悲しみを癒す。/愛は死よりも強い。」(フルガム、1996)

(8)他人の表情からその思っていることを推測する「脳にある特殊な細胞の集まり」をミラーニューロンと呼ぶ。「ものまね細胞」とも（イアコボーニ、２０１１、14頁）。この「推測する」能力は、自分のある行動の時に活動する神経細胞が、他人の同じ行動を見ている時に活動する細胞と同じであることによると考えられている。他人の行動に「共感」する能力に関係するとも。身ぶりからその意図を理解する機能があるために、ここから言語が生まれたとする説もある。

（９）実際には気温が高いと風の影響は少ないが、気温が低いと体感温度は急激に下がる。しかし、風速が増すと直線的に体感気温が下がるわけでもない。

〈第四章〉

（１）一二〇〇㎞離れた南方のアボリジニのコミュニティーを訪問し、「儀式では、人々が歌、踊り、身体ペイントなどを通じてドリーミングの道跡（トラック）をたどる」。（保苅、74頁）

（２）「初めに言（ことば）があった。言は神と共にあった。言は神であった。この言は初めに神と共にあった。すべてのものは、これによってできた。できたもののうち、一つとしてこれによらないものはなかった。この言に命があった。そしてこの命は人の光であった」（日本聖書協会、一九七一、『口語　新約聖書』）

Logos は古代ギリシア哲学では「ロゴス、理法」、「宇宙を支配し展開させる一定の調和・統一のある理性的法則」である（『ランダムハウス英和大辞典』）。ヨハネは古代ギリシア時代より後のすでにローマ帝国時代の人だから、この古代ギリシア哲学をどのように学んでいたのだろうか？　ヨハネはギリシア哲学の「理性的法則」をキリスト教の「神」に置き換えた発案者かもしれない。

一八六六年にパリ言語学会が学会規定第二条で「本学会は言語の起源や普遍言語の創造に関する一切の報告を受けいれない」としている。（原文 ART. 2 La Société n'admet aucune communication concernant, soit l'origine du langage, soit la création d'une langue universelle.）

なるほど、徹底している！　ただ単に言語の起源だけでなく、普遍的言語を創りだすことも同時に禁じているのである。
（3）音声処理をする機械で、スペクトログラム（次項）を発生させる。
（4）音声をソノグラフで解析した結果を三次元のグラフにしたもの。
（5）最終氷期最寒冷期（LGM：二万一〇〇〇年前頃がもっとも寒冷とも）のあとやや温暖なベーリング／アレレード期（氷期末亜間氷期一万四七〇〇〜一万二八〇〇年前）がくるが、この亜間氷期のあとに急激に気温がさがるヤンガードリアス期（Younger Dryas）が始まる。この寒冷期は一万四八〇〇年前から一二〇〇年間続いた（一万四九〇〇年〜一万一六〇〇年前とも。ボルフガング・ベーリンガー、2014）。この時期は、亜間氷期に温暖化した西アジアをふたたび乾燥地帯にした。このあとが現在まで続く温暖期の完新世である。ドリアス（ドライアス）はヨーロッパ寒冷地の草、チョウノスケソウの学名による。
（6）ニホンザルの被害防止の専門家だった経験（一九八〇〜一九九二年）から言えば、日本の山間部農家の農作物の鳥獣被害は犬をつないでいるためである。マダガスカルではトウモロコシの収穫時期には無数のオウムが集まっていた。あの地では犬の数が少なく、また訓練もされていないうえに弓矢がないので、鳥害は悲惨なものだった。
（7）ここで、わざわざ東アジアを農耕牧畜の筆頭に入れておく理由は、この地域でのこれほどの人間活動が、これまで欧米主義の人類学によって低く見られ、かつ無視されてきたからである。実は、ブタがもっとも早く飼育されていた可能性は強い。
　イノシシは容易に人になつき、繁殖させることができる。ニューギニアでは、イノシシを放し飼いにして食用にしているが、飼われていたメスは山中で子を産んでまた飼育者のところに戻るという。（島田、2007、466頁）
　また、農耕というと小麦など穀物にばかり焦点があてられることが多いが、イモ類と果樹は、熱帯から暖温帯の人びとにとってはきわめて重要な食糧だったし、その種類もきわめて多い。サトイモ、タロイモ、パンノキ、サゴヤシ、ココナツ、バナナが稲とともに並ぶ。サトイモ、タロイモ、バナナなどは株分けすることで、人の食物として適当な性質を持つ株を増やすことができる上に、ほとんど手をかけずに栽培することができる。これらの栽培飼育種は、東アジアではイヌの家畜化と同時かそれ以前から始まっていた可能性が強い。ただ、それを遺跡として確認することが非常に難しいだけである。また、インドと東アジアには、水牛など大型のウシ科動物がいるが、この家畜化の年代は九〇〇〇年前にさかのぼるとされ、西アジアのヒツジ・ヤギの家畜化と年代的にかわらない。水牛の飼育頭数はインドをはじめとして一億四〇〇〇万頭とも言われ、家畜種として見逃すことができない重要さがある。最後になったが、決して落としてはならないのはニワトリで、これもまた、東アジアで家禽化されていた。

〈第五章〉

（1）鈴木省三は岩沼藩士（宮城県）の出身で、明治維新後医者となり、仙台共立薬学校の創設にかかわり、郷土史を研究し、『仙台風俗志』『続仙台風俗志』をまとめた。

（2）仁科邦男は東京出身、早稲田大学卒。毎日新聞社で下関支局などに勤務し、出版局長、毎日映画社社長を歴任。日本史における犬の生活を原文献にあたって細部まで再現する手法は高く評価されている。

（3）ＭＩＲＡはカナダ、ケベック州（公用語はフランス語）の盲導犬・介助犬訓練センターで、ラバーニーズはこの団体の創設者エリック・サン＝ピエールが創りだした新品種。

〈おわりに〉

（1）当時、東京大学大学院・農学生命科学研究科獣医学科教授。リリーの下顎のガンの手術の主治医で、一六歳七ヵ月の超高齢で死んだリリー（シェットランドシープドッグ：一九八三年一〇月八日生まれ）の二〇〇〇年一月の最初の痙攣いらい、毎日のようにメールでアドバイスをいただいていた。

ストリンガー，C.，ギャンブル，C.，河合信和訳，1997，『ネアンデルタール人とは誰か』朝日選書

〔T〕

Taylor, G., 1927. "*Environment and Race: A Study of the Evolution, Migration, Settlement and Status of the Races of Man*". Oxford University Press, London.

得丸久文，2017，集中連載「人類言語のディープ・ヒストリー2『文字の誕生』で人類は何ができるようになったのか？」クーリエ・ジャポン

綱淵謙錠，2000，『極――白瀬中尉南極探検記』新潮社

〔U〕

ユクスキュル，J.v.，クリサート，G.，日高敏隆・野田保之訳，1973，『生物から見た世界』思索社

〔V〕

ヴァイラ，アンジェロ，泉典子訳，2012，『犬の心へまっしぐら――犬に学び、共感し、人間との完璧な関係を築くために』中央公論新社

Vilà, C. et al., 1997. Multiple and ancient origins of the domestic dog. *Science* 276:1687-1689. doi:10.1126/science.276.5319.1687

〔W〕

Wallace, A. R., 1876. "*The geographical distribution of animals*". 2 vols. Harper, New York. Reprinted 1962 by Hafner, New York, and London.

Wang, X. and Tedford, R. H., 2008. "*Dogs: Their fossil relatives & evolutionary history*". Columbia University Press, New York.

ウェイズボード，M.，カチャノフ，K.，佐倉八重訳，2003，『働く犬たち』中央公論新社

〔Y〕

柳田國男，1989，『故郷七十年』神戸新聞総合出版センター

柳田国男，2011，『孤猿随筆』岩波文庫

パターソン，F.P.，コーン，R.H.（写真），宮木陽子訳，2002,『ココ――ゴリラと子ネコの物語』あかね書房

パターソン，F.，リンデン，E.，都守淳夫訳，1984,『ココ、お話しよう』どうぶつ社

Pionnier-Capitan, M. et al., 2011. New evidence for Upper Palaeolithic small domestic dogs in South-Western Europe. *Journal of Archaeological Science* 38（9）:2123-2140.

Povinelli, D.J. et al., 1997. Exploitation of pointing as a referential gesture in young children, but not adolescenct chimpanzees. Cognitive Development 12（4）:423-461.

〔S〕

酒井邦嘉，2002,『言語の脳科学――脳はどのようにことばを生みだすか』中公新書

サベージ＝ランバウ，S.，ルーウィン，R.，石館康平訳，1997,『人と話すサル「カンジ」』講談社

サベージ＝ランバウ，S.，加地永都子訳，1993,『カンジ――言葉を持った天才ザル』NHK出版

Savolainen, P. et al., 2002. Genetic Evidence for an East Asian Origin of Domestic Dogs. *Science* 298：1610-1613.

シャラー，G.B.，小原秀雄訳，1966,『ゴリラの季節――野生ゴリラとの600日』早川書房

Shannon, L. M. et al., 2015. Genetic structure in village dogs reveals a Central Asian domestication origin. *PNAS* 112（44）:13639-13644

島　泰三，2003,『親指はなぜ太いのか――直立二足歩行の起原に迫る』中公新書

島田覚夫，2007,『私は魔境に生きた――終戦も知らずニューギニアの山奥で原始生活十年』光人社NF文庫

シップマン，P.，河合信和監訳，2015,『ヒトとイヌがネアンデルタール人を絶滅させた』原書房

ソールズベリー，G&L，山本光伸訳，2005,『ユーコンの疾走――極北の町を救え！　犬と人の感動実話』光文社文庫

スタインベック，J.，竹内真訳，2007,『チャーリーとの旅』ポプラ社

〔M〕

Malmström, H. et al., 2008. Barking up the wrong tree: Modern northern European dogs fail to explain their origin. *BMC Evolutionary Biology* 8 (71). doi:10.1186/1471-2148-8-71

マッソン，J.M.，桃井緑美子訳，2012,『ヒトはイヌのおかげで人間（ホモ・サピエンス）になった』飛鳥新社

マクローリン，J.C.，澤﨑坦訳，2016,『イヌ——どのようにして人間の友になったか』講談社学術文庫

Mech, L. D., 1970. "*The Wolf: The ecology and behavior of an endangered species*". University of Minnesota Press, Minneapolis.

Miklósi, Á. et al., 2003. A simple reason for a big difference: Wolves do not look back at humans, but dogs do. *Current Biology* 13 (9) :763-766.

モウワット，F.，小原秀雄・根津真幸訳，1977,『オオカミよ、なげくな』紀伊國屋書店

〔N〕

Nagasawa, M. et al., 2015. Oxytocin-gaze positive loop and the coevolution of human-dog bonds. *Science* 348:333-336.

仁科邦男，2013,『犬の伊勢参り』平凡社新書

〔O〕

Ovodov, N.D. et al., 2011. A 33,000-Year-Old Incipient Dog from the Altai Mountains of Siberia: Evidence of the Earliest Domestication Disrupted by the Last Glacial Maximum. *Plos One 211,* 6 (7) e22821.

〔P〕

Pang, J.-F. et al., 2009. mtDNA Data Indicate a Single Origin for Dogs South of Yangtze River, Less Than 16,300 Years Ago, from Numerous Wolves. *Molecular Biology and Evolution* 26 (12) :2849-2864.

Parker, H. G. et al., 2017. Genomic analyses reveal the influence of geographic origin, migration, and hybridization on modern dog breed development. *Cell Reports* 19 (4) :697-708.

Evolution". Cambridge University Press, New York.

〔K〕

ケッチャム, J., 金子浩訳, 1999,『老人と犬』扶桑社ミステリー

Koepfli, K.-P. et al., 2015. Genome-wide evidence reveals that African and Eurasian Golden Jackals are distinct species. *Current Biology* 25 (16) :2158-2165.

Kovács, K. et al., 2018. Dog-owner attachment is assosicated with Oxytocin receptor gene polymorphisms in both parties: A comparative study on Austrian and Hungarian border collies. *Front. Psychol.* 9:435. doi10.3389/fpsyg.2018.00435

〔L〕

Larson, G. et al., 2012. Rethinking dog domestication by integrating genetics, archeology, and biogeography. *PNAS* 109 (23) :8878-8883.

ラフリン, W., ヘンリ, S. 訳, 1986,『極北の海洋民——アリュート民族』六興出版

Leopold, A., 1949. "*A Sand County Almanac*", Oxford University Press, New York. レオポルド, A., 新島義昭訳, 1997,『野生のうたが聞こえる』講談社学術文庫

Leydet, D.J. et al., 2018. Opening of glacial Lake Agassiz's eastern outlets by the start of the Younger Dryas cold period. *Geology* 46 (2) :155-158

Lindblad-Toh, K. et al., 2005.Genome sequence, comparative analysis and haplotype structure of the domestic dog. *Nature* 438:803-819.

リヴィングストン, J.A., 日高敏隆・羽田節子訳, 1992,『破壊の伝統——人間文明の本質を問う』講談社学術文庫

ロペス, B.H., 中村妙子・岩原明子訳, 1984,『オオカミと人間』草思社

ローレンツ, K., 小原秀雄訳, 1968,『人イヌにあう』至誠堂 (1953年)

of the wolf : a reply to the comments of Crockford and Kuzmin, 2012, *Journal of Archaeological Science* 40 : 786-792.
グッダヴェイジ，M.，櫻井英里子訳，2017，『戦場に行く犬――アメリカの軍用犬とハンドラーの絆』晶文社

〔H〕
浜健二，2004，「イヌの起源」『柴犬』82号，2004年7月25日
原子令三，1998，『森と砂漠と海の人びと』UTP制作センター
長谷川政美，2011，『新図説　動物の起源と進化―書きかえられた系統樹』八坂書房
長谷川政美，2014，『系統樹をさかのぼって見えてくる進化の歴史――僕たちの祖先を探す15億年の旅』ベレ出版
保苅実，2004，『ラディカル・オーラル・ヒストリー――オーストラリア先住民アボリジニの歴史実践』御茶の水書房
ホメロス，松平千秋訳，1992，『イリアス』（上・下）岩波文庫
ホメーロス，呉茂一訳，1972，『オデュッセイアー』（上・下）岩波文庫
ホロウィッツ，A.，竹内和世訳，2012，『犬から見た世界――その目で耳で鼻で感じていること』白揚社

〔I〕
イアコボーニ，M.，塩原通緒訳，2011，『ミラーニューロンの発見――「物まね細胞」が明かす驚きの脳科学』ハヤカワ・ノンフィクション文庫
Ingman et al., 2000. Mitochondrial genome variation and the origin of modern humans, Nature 408:708-713.

〔J〕
ジャンズ，N.，田口未和訳，2015，『ロミオと呼ばれたオオカミ』エクスナレッジ
ジェインズ，J.，柴田裕之訳，2005，『神々の沈黙――意識の誕生と文明の興亡』紀伊國屋書店
Jones, S. et al., eds., 1992. “*The Cambridge Encyclopedia of Human*

from Altai as a Primitive Dog. *Plos One* 2013, 8（3）e57754.
ダッチャー，J&J，岩井木綿子訳，2014，『オオカミたちの隠された生活』エクスナレッジ，National Geographic

〔E〕
エリス，S.，ジューノ，P.，小牟田康彦訳，2012，『狼の群れと暮らした男』築地書館
エルトン，C.S.，渋谷寿夫訳，1955，『動物の生態学』科学新興社（Elton, C.S., 1927. "*Animal Ecology*". Sidgwick & Jackson, LTD., London）

〔F〕
フェイガン，B.M.，河合信和訳，1990，『アメリカの起源――人類の遙かな旅路』どうぶつ社
フェン，C.，陸井三郎訳，1974，『ホー・チ・ミン伝』（上・下），岩波新書（Fenn, C., 1973. "*Ho Chi Minh: A Biographical Introduction*". Studio Vista, London）
フォッシー，D.，羽田節子・山下恵子訳，2002，『霧のなかのゴリラ――マウンテンゴリラとの13年』平凡社
フランクリン，J.，桃井緑美子訳，2013，『子犬に脳を盗まれた！――不思議な共生関係の謎』青土社（Franklin, J., 2009. "*The wolf in the parlor: How the dog came to share your brain*". St. Martin's Griffin, New York）
Freedman, A.H. and Wayne, R. K., 2017. Deciphering the origin of dogs: From fossils to genomes. *Annu. Rev. Anim. Biosci.* 5:281-307.
フルガム，R.，池央耿訳，1996，『人生に必要な智恵はすべて幼稚園の砂場で学んだ』河出文庫

〔G〕
Germonpré, M. et al., 2009. Fossil dogs and wolves from Palaeolithic sites in Belgium, the Ukraine and Russia: Osteometry, ancient DNA and stable isotopes. *Journal of Archaeological Sceince* 36（2）:473-490.
Germonpré, M. et al., 2013. Palaeolithic dogs and the early domestication

デューサとの出会い』早川書房
Clutton-Brock, J., 1992. Domestication of animals, in Jones, S., et al., eds., "*The Cambridge Encyclopedia of Human Evolution*". Cambridge University Press, New York. 380-385.
Clutton-Brock, J., 1995. Origins of the dog: Domestication and early history, in Serpell, J., ed., "*The Domestic dog its evolution, behavior and interactions with people*". Cambridge University Press, Cambridge. 7-20.
コレン，S.，木村博江訳，2002，『犬語の話し方』文春文庫
コレン，S.，木村博江訳，2002（2），『相性のいい犬、わるい犬——失敗しない犬選びのコツ』文春文庫
コレン，S.，木村博江訳，2007，『犬も平気でうそをつく？』文春文庫
Cox, C.B. and Moore, P. D., 1993. "*Biogeography: An ecological and evolutionary approach*". 5th Edition, Oxford Blackwell Scientific Publications, London.
Crockford, S.J., and Kuzmin, Y.V.,2012. Comments on Germopré et al., *Journal of Archaeological Science* 36, 2009, "Fossil dogs and wolves from Palaeolithic sites in Belgium, the Ukraine and Russia: osteometry, ancient DNA and stable isotopes", and Germonpré, Lazkickoa-Galetovǎ, and Sablin, *Journal of Archaeological Science* 39. 2012, "Palaeolothic dog skulls at the Gravettian Predmosti Site, the Cžech Republic", *Journal of Arcaeological Science* 39 : 2797-2801.

〔D〕
檀一雄，1958，『夕日と拳銃』（上・下）角川文庫
Davis, S.J.M. and Valla, F. R., 1978. Evidence for domestication of the dog 12,000 years ago in the Natufian of Israel. *Nature* 276:608-610.
Dayan, T., 1994. Early domesticated dogs of the Near East. *Journal of Archaeological Science* 21（5）:633-640.
Ding, Z.-L. et al., 2012. Origins of domestic dog in Southern East Asia is supported by analysis of Y-chromosome DNA. *Heredity* 108:507-514; doi:10.1038/hdy.2011.114; published online 23 November 2011.
Druzhkova, A.S. et al., 2012. Ancient DNA Analysis Affirms the Canid

引用文献

〔A〕

Ardalan, A. et al., 2011. Comprehensive study of mtDNA among Southwest Asian dogs contradicts independent domestication of wolf, but implies dog-wolf hybridization. *Ecology and Evolution* 1 (3) :373-385.

Atickem, A. et al., 2017. Deep divergence among mitochondrial lineages in African jackals. *Zoologica Scripta* 47:1-8.

Axelsson, E. et al., 2013. The genomic signature of dog domestication reveals adaptation to a starch-rich diet. *Nature* 495:360-364. doi:10.1038/nature11837

〔B〕

ベーリンガー，W.，松岡尚子他訳，2014,『気候の文化史――氷期から地球温暖化まで』丸善プラネット

ブルーム，F.E.他，久保田競監訳，1987,『脳の探検――脳から精神と行動を見る』（上・下）講談社ブルーバックス

Braude, S. and Gladman, J., 2013. Out of Asia: An allopatric model for the evolution of the domestic dog. *ISRN Zoology* 2013:1-7, Article ID841734.

ブディアンスキー，S.，渡植貞一郎訳，2004,『犬の科学――ほんとうの性格・行動・歴史を知る』築地書館

Byrne, R.W., 2003. Animal communication: What makes a dog able to understand its masters? *Current Biology* 13:R347-R348.

〔C〕

カリック，E.，新関岳雄・松谷健二訳，1967,『アムンゼン――極地探検家の栄光と悲劇』白水社

クラーク，A.C.，山高昭訳，1997,『グランド・バンクスの幻影』ハヤカワ文庫

クラーク，A.C.，中村融編，南山宏訳，「ドッグ・スター」，2009,『メ

島　泰三（しま・たいぞう）

一九四六年生まれ。東京大学理学部人類学教室卒業。日本野生生物研究センター主任研究員、ニホンザルの生息地保護管理調査団主任調査員などを経て、現在、日本アイアイ・ファンド代表。理学博士。アイアイの保護活動への貢献によりマダガスカル国第五等勲位「シュバリエ」を受ける。

著書に『どくとるアイアイと謎の島マダガスカル』上・下（八月書館）、『アイアイの謎』（どうぶつ社）、『なぞのサルアイアイ』（福音館書店）、『サルの社会とヒトの社会』（大修館書店）、『親指はなぜ太いのか』『ヒト』『孫の力』（以上、中公新書）、『はだかの起原』（講談社学術文庫）など多数。

ヒト、犬に会う

言葉と論理の始原へ

二〇一九年　七月一〇日　第一刷発行
二〇二〇年　三月一三日　第三刷発行

著者　島　泰三

発行者　渡瀬昌彦
発行所　株式会社講談社
東京都文京区音羽二丁目一二—二一　〒一一二—八〇〇一
電話（編集）〇三—三九四五—四九六三
（販売）〇三—五三九五—四四一五
（業務）〇三—五三九五—三六一五

装幀者　奥定泰之
本文データ制作　講談社デジタル製作
本文印刷　株式会社新藤慶昌堂
カバー・表紙印刷　半七写真印刷工業株式会社
製本所　大口製本印刷株式会社

ISBN978-4-06-516644-4　Printed in Japan
N.D.C.460　268p　19cm

講談社選書メチエの再出発に際して

講談社選書メチエの創刊は冷戦終結後まもない一九九四年のことである。長く続いた東西対立の終わりはついに世界に平和をもたらすかに思われたが、その期待はすぐに裏切られた。超大国による新たな戦争、吹き荒れる民族主義の嵐……世界は向かうべき道を見失った。そのような時代の中で、書物のもたらす知識が一人一人の指針となることを願って、本選書は刊行された。

それから二五年、世界はさらに大きく変わった。特に知識をめぐる環境は世界史的な変化をこうむったとすら言える。インターネットによる情報化革命は、知識の徹底的な民主化を推し進めた。誰もがどこでも自由に知識を入手でき、自由に知識を発信できる。それは、冷戦終結後に抱いた期待を裏切られた私たちのもとに差した一条の光明でもあった。

その光明は今も消え去ってはいない。しかし、私たちは同時に、知識の民主化が知識の失墜をも生み出すという逆説を生きている。堅く揺るぎない知識も消費されるだけの不確かな情報に埋もれることを余儀なくされ、不確かな情報が人々の憎悪をかき立てる時代が今、訪れている。

この不確かな時代、不確かさが憎悪を生み出す時代にあって必要なのは、一人一人が堅く揺るぎない知識を得、生きていくための道標を得ることである。

フランス語の「メチエ」という言葉は、人が生きていくために必要とする職、経験によって身につけられる技術を意味する。選書メチエは、読者が磨き上げられた経験のもとに紡ぎ出される思索に触れ、生きるための技術と知識を手に入れる機会を提供することを目指している。万人にそのような機会が提供されたとき初めて、知識は真に民主化され、憎悪を乗り越える平和への道が拓けると私たちは固く信ずる。

この宣言をもって、講談社選書メチエ再出発の辞とするものである。

二〇一九年二月　　野間省伸